计算机应用基础项目教程
（Win 7+Office 2010）

主　编　张　虹　余汉丽　裘　婧
副主编　连锴城　张　健　江少练
　　　　王壁波　黄东全

北京理工大学出版社
BEIJING INSTITUTE OF TECHNOLOGY PRESS

内容简介

本书以任务驱动的方式进行编写，全书共有 6 个大任务，25 个子任务，主要内容包括：项目一，计算机基础知识介绍，包括计算机的基本知识和基本概念、计算机的组成和工作原理、信息在计算机中的表示形式和编码以及常用中英文输入的方法；项目二，Windows 7 操作系统介绍，包括操作系统基础知识以及 Windows 7 操作系统的安装、配置和个性化设置；项目三，文字处理软件 Word 2010 的介绍，包括文档的建立、基本参数的设置、对象的插入、表格的编辑以及图文混排等相关项目的操作；项目四，电子表格 Excel 2010 介绍，包括电子表格的建立、基本的编辑、函数的运用、筛选与排序以及图表的绘制与输出等基本内容；项目五，PowerPoint 2010 幻灯片介绍，包括幻灯片的基本对象设置以及输出放映等操作；项目六，网络应用介绍，包括网络知识的获取以及基本网络安全等技术操作。基本能够满足中职学生计算机基础课程的教学需要。

版权专有　侵权必究

图书在版编目（CIP）数据

计算机应用基础项目教程：Win7+Office2010/张虹，余汉丽，裘婧主编.—北京：北京理工大学出版社，2019.6重印

ISBN 978-7-5682-2658-5

Ⅰ.①计…　Ⅱ.①张…　②余…　③裘…　Ⅲ.①Windows操作系统—中等专业学校—教材 ②办公自动化—应用软件—中等专业学校—教材　Ⅳ.①TP316.7 ②TP317.1

中国版本图书馆CIP数据核字（2016）第171906号

出版发行 /	北京理工大学出版社有限责任公司
社　　址 /	北京市海淀区中关村南大街5号
邮　　编 /	100081
电　　话 /	（010）68914775（总编室）
	（010）82562903（教材售后服务热线）
	（010）68948351（其他图书服务热线）
网　　址 /	http://www.bitpress.com.cn
经　　销 /	全国各地新华书店
印　　刷 /	定州市新华印刷有限公司
开　　本 /	787 毫米 × 1092 毫米　1/16
印　　张 /	14.5
字　　数 /	340 千字
版　　次 /	2019 年 6 月第 1 版第 8 次印刷
定　　价 /	38.60 元

责任编辑/王玲玲
文案编辑/王玲玲
责任校对/孟祥敬
责任印制/边心超

图书出现印装质量问题，请拨打售后服务热线，本社负责调换

前 言
PREFACE

　　伴随计算机科学和信息技术的飞速发展，计算机教育的普及已经是中职教育不可或缺的组成部分。现阶段，计算机应用基础课程已经作为中等职业教育的公共基础课程在各专业进行普及式授课，各专业对学生的计算机应用能力都提出了更高的需求。我校信息专业为了更好地适应我校计算机应用基础课程的开设，根据计算机应用基础课程的教学大纲的授课需要和中职人才培养方案的指导意见，我们编写了本书。

　　计算机应用基础是计算机专业的必修课程，也是非计算机专业的中职公共必修课程，是学习其他计算机相关专业课程的前导和基础课程。本书编写的宗旨是使读者较全面、系统地了解计算机基础知识，具备计算机实际应用能力，并能在各自的专业领域应用计算机进行学习与研究。本教材照顾了不同专业、不同层次学生的需要，增设了计算机网络基础知识和多媒体技术等方面的基本内容，使读者在网络应用和多媒体信息处理等方面的能力得到扩展。

　　本书以任务驱动的方式进行编写，全书共有6个大任务，25个子任务，主要内容包括：项目一，计算机基础知识介绍，包括计算机的基本知识和基本概念、计算机的组成和工作原理、信息在计算机中的表示形式和编码以及常用中英文输入的方法；项目二，Windows 7操作系统介绍，包括操作系统基础知识以及Windows 7操作系统的安装、配置和个性化设置；项目三，文字处理软件Word 2010的介绍，包括文档的建立、基本参数的设置、对象的插入、表格的编辑以及图文混排等相关项目的操作；项目四，电子表格Excel 2010介绍，包括电子表格的建立、基本的编辑、函数的运用、筛选与排序以及图表的绘制与输出等基本内容；项目五，PowerPoint 2010幻灯片介绍，包括幻灯片的基本对象设置以及输出放映等操作；项目六，网络应用介绍，包括网络知识的获取以及基本网络安全等技术操作。基本能够满足中职学生计算机基础课程的教学需要。

　　参加本书编写的均为信息专业的一线专业教师，教学经验丰富，对学生情况了解深入。为了让学生更加容易理解枯燥的理论，本书在编写时采取了任务驱动的方式，将繁杂的操作过程转换为一个个具体案例的制作过程，让学生在有趣味的操作制作过程中较为轻松地掌握知识，文字叙述上深入浅出、通俗易懂，实用性极强。并且，为了让学生在课后更进一步的自主学习，还配套编写了《计算机基础实训指导》，以供学生进行学习。

本书由张虹、余汉丽、裘婧老师担任主编，连锴城、张健、江少练、王壁波、黄东全担任副主编。在本书编写的过程中，提出了许多宝贵的意见，对编写帮助非常之大。

"计算机应用基础"课程类似参考书较多也较为成熟，众知识点相对其他课程要繁杂许多，本书在编写的时候难免还存在着许多的问题与不足之处。在今后的教学中，我们将继续对本书进行修订与完善，让其更加适应计算机应用基础课程的授课需要。恳请专家、教师及读者多提宝贵意见。

编 者

目 录
CONTENTS

项目一　计算机基础知识　001
- 任务1　了解计算机 …………………………………………………… 001
- 任务2　计算机中信息的表示 …………………………………………… 006
- 任务3　计算机系统 ……………………………………………………… 010
- 任务4　计算机安全 ……………………………………………………… 015
- 任务5　中英文输入 ……………………………………………………… 018

项目二　Windows 7操作系统　026
- 任务1　初识Windows 7 …………………………………………………… 026
- 任务2　Windows 7的个性化设置 ………………………………………… 031
- 任务3　文件管理 ………………………………………………………… 035
- 任务4　控制面板 ………………………………………………………… 040

项目三　文字处理软件Word 2010　043
- 任务1　制作面试通知 …………………………………………………… 043
- 任务2　制作来访人员登记制度 ………………………………………… 050
- 任务3　制作招聘简章 …………………………………………………… 063
- 任务4　 制作公司商业计划书 …………………………………………… 080
- 任务5　制作课程表 ……………………………………………………… 097
- 任务6　录取通知书 ……………………………………………………… 112

项目四　电子表格Excel 2010　120
- 任务1　制作学生信息表 ………………………………………………… 120

目 录

  任务2 制作学生成绩表 …………………………………… 136
  任务3 制作员工工资表 …………………………………… 140
  任务4 制作期末成绩分析统计图表 ……………………… 147

项目五 PowerPoint 2010幻灯片 151

  任务1 制作市场调查报告 ………………………………… 151
  任务2 制作课件 …………………………………………… 163
  任务3 公司宣传演示文稿的放映和输出 ……………… 172

项目六 网络应用 184

  任务1 计算机网络基础 …………………………………… 184
  任务2 网络信息获取 ……………………………………… 194
  任务3 电子邮件管理 ……………………………………… 197

习 题 202

项目一　计算机基础知识

电子计算机是20世纪人类最伟大的发明之一，计算机的广泛应用改变了人类社会的面貌。随着微型计算机的出现以及计算机网络的发展，计算机逐渐成为人们生活和工作中不可缺少的工具，掌握计算机的使用也逐渐成为人们必不可少的技能。

本项目主要介绍的内容：计算机及计算机中信息的表示、计算机系统、计算机安全、中英文输入。

任务1　了解计算机

电子计算机是能够快速进行算术运算和逻辑运算的电子设备，它能够接收数值、文字、语音和图形等信息，并按照程序对信息进行加工处理，然后提供处理结果。电子计算机是科学技术高度发展的产物，是人类智慧的结晶。电子计算机由于具有高超的计算、模拟和分析等能力，如同人脑的延伸，因此又被称为"电脑"。

本任务的内容有：计算机的发展、分类、特点及应用。

1.1　计算机的发展

第一台电子计算机ENIAC于1946年在美国的宾夕法尼亚大学问世。与现在的计算机相比，ENIAC计算机不仅体积庞大、笨重，且运算速度慢，每秒仅能完成5 000次的加法运算。

第一代电子计算机（1946—1958年）称为电子管计算机。这一代计算机（见图1-1-1）主要采用电子管（见图1-1-2）作为电子元件，其结构简单、操作复杂、体积笨重、功耗大，运算速度为每秒几千至几万次，只能使用机器语言和汇编语言。第一代计算机主要用于科学计算。

图1-1-1

图 1-1-2

第二代电子计算机（1959—1964年）称为晶体管计算机。这一代计算机（见图1-1-3）使用晶体管（见图1-1-4）代替电子管，使得体积减小、速度加快，其运算速度可达到每秒几十万至几百万次。

第三代电子计算机（1965—1970年）称为中小规模集成电路计算机。这一代计算机（见图1-1-5）采用中、小规模集成电路（见图1-1-6）作为主要电子元件，机种出现多样化、系列化，计算机外部设备不断增加，出现了具有输入/输出功能的终端设备。这一代计算机的体积进一步缩小，可达到每秒几百万至千万次。

第四代电子计算机（1971年至今）称为大规模和超大规模集成电路计算机。这一代计算机采用大规模集成电路作为主要电子元件，使用微处理器芯片（见图1-1-7），其主存储器也采用了集成电路，使得计算机的制造成本进一步降低，体积大幅度缩小，而性能和可靠性却成倍提高，其运算速度达到每秒几亿至上千万亿次。

1971年，Intel公司首次把中央处理器（CPU）制作在一块芯片上，研制出了第1个4位单片微处理器Intel 4004，它标志着微型计算机（微机）的诞生。微机称为个人计算机（PC），是各类计算机中发展最快、使用最多的一种计算机，我们日常学习、生活、工作中使用的多数是微机。微机又有台式机和笔记本电脑之分，分别如图1-1-8和图1-1-9所示。

介于普通微机和小型计算机之间的一类高级微机称为工作站（见图1-1-10），它具有速度快、容量大、通信功能强的特点，适合于复杂数值计算。这类微机价格便宜，常用于图像处理、辅助设计、办公自动化等方面。

最小的单片机（见图1-1-11）则把计算机做在一块半导体芯片上，这使它可直接嵌入其他机器设备中进行数值处理和过程控制。

图 1-1-3

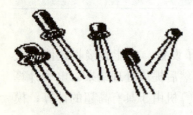

图 1-1-4

图 1-1-5

图 1-1-6

图 1-1-7

图 1-1-8

图 1-1-9

图 1-1-10

图 1-1-11

1.2 计算机的分类

计算机可以按处理数据的方式、设计目的和用途等方式进行分类。如果按运算速度的快慢、数据处理能力的高低、存储容量性能的差别，则可分为下列三类。

1．超级计算机

超级计算机是计算机中功能最强、运算速度最快、存储容量最大和体积最大的一类，它主要用于国家高科技和国防尖端科学研究领域。

2．大中小型计算机

大中小型计算机常用于金融、天气预报、地球物理勘探等领域。

3．微型计算机

微型计算机的微处理器采用超大规模集成电路，使用半导体存储器，其特点是体积小、价格低、通用性强、可靠性高。本书所指的计算机均为通用的微型计算机，简称微机或电脑。

1.3 计算机的特点

计算机是一种可以进行自动控制、具有记忆功能的现代化计算工具和信息处理工具。它有以下五个方面的特点：

① 运算速度快。超级计算机的运算速度现在可达每秒几千万亿次。

② 计算精度高。计算机的计算精度理论上不受任何限制，如能把圆周率计算至小数点后几亿位。

③ 具有记忆和逻辑判断能力。计算机可以把原始数据、中间结果、计算指令等信息储存起来，以备随时调用，并可以对各种数据或信息进行逻辑推理和判断。

④ 具有自动执行程序的能力。人们把设计好的程序输入计算机后，它能在程序的控制之下自动完成各项工作；同时，连续工作能力强，可以无故障地运行几个月、几年或更长时间。

⑤ 可靠性高、通用性强。现在的计算机具有非常高的可靠性，可以承担许多复杂环境下人所不能完成的工作，因此不仅可以用于数字计算，还可用于数据处理、工业控制、辅助设计、辅助制造和办公自动化等方面。

1.4 计算机的应用

由于具有以上一系列特点，计算机几乎进入了一切领域，是当今社会必不可少的信息处理工具。可以预见，将来其应用领域将进一步扩大。概括地说，主要有以下几方面的用途：

1. 科学计算

科学计算又称为数值计算，是计算机应用最早的领域。在科学研究和工程设计中，经常会遇到各种各样的数值计算问题。例如，我国"嫦娥一号"卫星从地球到达月球要经过一个十分复杂的运行轨迹（见图1-1-12），为设计运行轨迹，要进行大量的计算工作。计算机具有速度快、精度高的特点，以及能够按指令自动运行和准确无误的运算能力，可以高效率地解决上述问题。

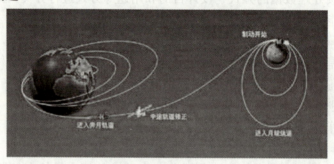

图 1-1-12

2. 信息处理

信息处理是指用计算机对信息进行收集、加工、存储、传递等工作，其目的是为有各种需求的人们提供有价值的信息，作为管理和决策的依据。例如，人口普查资料的统计、股市行情的实时管理、企业财务管理、市场信息分析、个人理财记录等。计算机信息处理已广泛应用于企业管理、办公室自动化、信息检索等诸多领域，成为计算机应用最活跃、最广泛的领域之一。

3. 过程控制

计算机过程控制是指用计算机对工业过程或生产装置的运行状况进行检测，并实施生产过程自动控制。例如，用火箭将"嫦娥一号"卫星送向月球的过程，就是一个典型的计算机控制过程。将计算机信息处理与过程控制有机结合起来，能够实现生产过程自动化，甚至能够出现计算机管理下的无人工厂。

4．计算机辅助设计、辅助制造和辅助教学

计算机辅助设计（CAD）是指设计人员利用计算机来协助进行最优化设计。计算机辅助制造（CAM）是指制造人员进行生产设备的管理、控制和操作。目前，在电子、机械、造船、航空、建筑、华工、电器等方面都有计算机的应用，这样可以提高设计质量，缩短设计和生产周期，提高自动化水平。

计算机辅助教学（CAI）是指利用计算机的功能程序把教学内容变成软件，使得学生可以在计算机上学习。应用计算机辅助教学，可使教学内容更加多样化、形象化，使学生能以生动活泼的方式进行学习，教师也可以减少大量重复的课堂讲授，而把精力放在提高教材质量和研究学习方法上，以取得更好的教学效果。多媒体计算机的广泛应用，为计算机辅助教学开辟了更广阔的空间。

5．计算机网络的应用

随着信息化社会的发展，通信业也迅速发展，计算机在通信领域的作用越来越大，计算机网络也迅速发展。遍布全球的因特网（Internet）已把大多数国家连在了一起，加之现在适应不同程度、不同专业的教学辅助软件不断涌现，利用计算机辅助教学和利用计算机网络在家里学习代替去学校、课堂上课这种传统的教学方式已经在许多国家变成了现实，如我们国家许多大学开展了网络远程教学等。

计算机在电子商务、电子政务等应用领域也得到了快速的发展。

在商业业务、银行业务、邮政业务中，计算机网络的应用已非常普及。

计算机的引入，使信息处理系统获得了强大的存储和处理手段。对于常见的物资管理，如用计算机进行管理，就可以随时掌握各类物资的库存情况，从而合理调剂、减少库存。

6．单片机的广泛应用

目前，人们不仅在使用各种类型的个人计算机，而且将单片机广泛应用于微波炉、磁带录音机、自动洗涤机、煤气用定时机器、家用空调设备控制器、电子式缝纫机、电子玩具、游戏机等。21世纪，国际互联网络和计算机控制的设备将广泛应用于家庭。

7．人工智能

人工智能是利用计算机对人的智能进行模拟，包括模仿人的感知能力、思维能力、行为能力等，如语音识别、语言翻译、逻辑推理、联想决策、行为模拟等。最具有代表性的应用是机器人，包括机械手、智能机器人（见图1-1-13）。

在日常生活中，计算机应用的案例比比皆是，如人们看到的每一部电视剧、每一部动画片、每一本书籍都是经过计算机编辑加工完成的。可以说，人类现代的生产和生活已经离不开计算机技术，计算机技术的发展和应用的深化，正在促进人类向着信息化社会迈进。

图1-1-13

任务2　计算机中信息的表示

在日常生活中，人们习惯采用十进制来表示数值，而在计算机领域，通常会采用二进制、八进制或十六进制来表示数值，但计算机唯一能识别的是二进制。计算机所处理的各种数值、文字、声音、图像等信息，首先必须按一定的法则转换成二进制数。作为一种由大量的电子器件组成的电子计算工具，计算机是通过这些电子器件中的两种稳定物质状态，如电路的通和断、电位的高和低，来分别表示数字符号的1和0。这是最容易实现的，它也正好和二进制中的二进制数1和0相对应。因此，在计算机内部通常用二进制代码来存储、传输和处理数据。

本任务的内容有：数据存储和信息编码、各种数制间的转换。

2.1　数据存储和信息编码

1．数据的存储单位

（1）位

位是二进制的一个数位。位（bit）是计算机存储信息的最小单位。1位可以表示数值0或1。二进制数每增加一位，可表示的信息个数就增加一倍。例如：

1位二进制数能表示2种状态：0，1。

2位二进制数能表示4种状态：00，01，10，11。

3位二进制数能表示8种状态：000，001，010，011，100，101，110，111。

（2）字节

8个二进制位编为一组称为一个字节（Byte），简写为"B"，即1 B=8 bit。字节是计算机处理数据的基本单位，即计算机以字节为单位解释信息。字节也是用来表示计算机存储容量大小的单位。例如：

1组8位二进制数：10001101，表示1个字节。

1组16位二进制数：1000110100001010，表示2个字节。

1组32位二进制数：10001101110101110101000011110101，表示4个字节。

（3）字

计算机一次存取、处理和传输的数据长度称为字，即，一组二进制数码作为一个整体来参加运算或处理的单位。一个字通常可以由一个或多个字节构成，用来存放一条指令或一个数据。例如，现在普遍使用的是32位微机（即一个字由4个字节构成），现在市场已经推出的和不久的将来将要普及的是64位微机（即一个字由8个字节构成）。

（4）字长

字长是指一个字的位数，也就是计算机一次可同时处理的二进制数的位数。不同的计算机，字长是不同的。通常微型计算机的字长为8位、16位、32位或64位。32位微机就是指微机在同一时间内可处理字长为32位的二进制数据。字长是衡量计算机性能的重要指标。

字长越长，用来表示数字的有效数位就越多，计算机的速度越快，精确度也就越高。

2. 字符的二进制编码

计算机中将信息用规定的代码来表示的方式称为编码，用二进制数表示的信息称为二进制编码。当人们使用计算机时，从键盘键入的各种字符由计算机自动转换后，以二进制编码形式存放在计算机中。

目前，计算机上通用的编码系统是ASCII码，它是美国信息交换标准代码（American Standard Code Information Interchange）的缩写。

ASCII码是一种用7位二进制数表示1个字符的字符编码，由于$2^7=128$，所以ASCII码能表示128个字符数据，包括计算机处理信息常用的英文字母、数字符号、算术运算符号、标点符号等，见表1-2-1。表中编码符号的排列次序为$b_6b_5b_4b_3b_2b_1b_0$。

表1-2-1

$b_3b_2b_1b_0$	$b_6b_5b_4$					
	010	011	100	101	110	111
0000	SP	0	@	P	`	p
0001	!	1	A	Q	a	q
0010	"	2	B	R	b	r
0011	#	3	C	S	c	s
0100	$	4	D	T	d	t
0101	%	5	E	U	e	u
0110	&	6	F	V	f	v
0111	'	7	G	W	g	w
1000	(	8	H	X	h	x
1001	)	9	I	Y	i	y
1010	*	:	J	Z	j	z
1011	+	;	K	[	k	{
1100	,	<	L	\	l	|
1101	-	=	M	]	m	}
1110	.	>	N	^	n	~
1111	/	?	O	-	o	Del

注：SP表示空格，Del表示删除。

ASCII码是7位编码，但计算机大都以字节为单位进行信息处理。为了方便计算机处理，人们一般将ASCII码的最高位前加一位0，凑成一个字节，便于存储和处理。例如，要确定字符A的ASCII，可以从表中查到$b_6b_5b_4$是"100"，$b_3b_2b_1b_0$是"0001"，将$b_6b_5b_4$和$b_3b_2b_1b_0$拼起来就是A的ASCII，即"1000001"。那么，字符A在计算机中就可表示为"01000001"。

3. 汉字编码

汉字编码包括：汉字的输入码、机内码、字形码（汉字库）。

（1）汉字的输入码

汉字输入码也称外码，它是专门用来向计算机输入汉字的编码。目前，在我国推出的汉字输入编码方案很多，其表示形式大多用字母、数字或符号。编码方案大致可以分为：以汉字发音进行编码的音码，例如全拼码、智能ABC码、搜狗拼音码等；按汉字书写的形式进行编码的形码，例如五笔字型码。

（2）汉字的机内码

汉字的内码是供计算机系统内部处理、存储、传输时使用的代码。目前使用最广泛的一种国标码是GB 2312—80。汉字国家标准GB 2312—80中规定，以ASCII码中的94个字符为基础，由任意两个ASCII码组成一个汉字编码，第一个字节称为"区"，第二个字节称为"位"，则国标码最多可表示94×94（共8 836）个汉字符号。在国标码中，实际收录各种字符7 445个，其中汉字6 763个，图形和符号682个。为了区别汉字和西文，将汉字编码的最高位置成"1"，然后由软件根据最高位做出判断。因此，一个汉字或图形符号（国标库）在计算机内部用两个字节表示（即一个汉字用16位二进制数表示）。例如："啊"的机内码为1011000010100001。

（3）汉字的字形码

汉字的字形是用数字代码来表示汉字，但是为了在输出时让用户看到汉字，就必须输出汉字的字形。在汉字系统中，一般采用点阵来表示字形。

目前计算机上显示使用的汉字字形大多采用16×16点阵，这样每一个汉字的字形码就要占用32个字节（每一行占用2个字节，总共16行）；而打印使用的汉字字形大多为24×24点阵、32×32点阵、48×48点阵等，所需的存储空间会相应增加。显然，点阵的密度越大，输出的效果就越好。这种形式存储的汉字字形信息的集合称为汉字库，用于汉字的显示和打印。

例如：用16行16列的小圆点组成一个方块（称为汉字的字模点阵），那么每个汉字都可以用点阵中的一些点组成。图1-2-1所示为汉字"中"的字模点阵。如果将每一个点用一位二进制数表示，有笔形的位为1，

(a) 汉字字模点阵示意图　　(b) 汉字字形码

图 1-2-1

否则为0，就可以得到该汉字的字形码。由此可见，汉字字形码是一种汉字字模点阵的二进制码，是汉字的输出码。

2.2 各种数制间的转换

由于二进制数的英文是"Binary"，可以在二进制数后加上"B"或"b"来表示，例

如：(11 000)$_2$=11 000b=11 000B。

十进制数的英文是"Decimal",可以在数字后加上英文"d"或"D"来表示,例如:(128)$_{10}$=128d=128D。

八进制数可用括号加下标8来表示,如(56)$_8$、(234)$_8$等,以示区别。

十六进制数可以用相同的方法来表示,如(4D2)$_{16}$、(A42F)$_{16}$等。

同样,八进制数可以在数字后加上"O"或"o"来表示,十六进制数可以在数字后加上"H"或"h"来表示,例如:

$$(312)_8=312O=312o,\quad (3DF)_{16}=3DFH=3DFh。$$

1. 二进制数转换成十进制数

方法是"按权展开相加",即利用下式进行:

$$(a_n a_{n-1} \cdots a_1 a_0 a_{-1} a_{-2} \cdots a_{-m})_2 = \sum a_i \times 2^i$$

例如,$(10110)_2 = 1\times 2^4 + 0\times 2^3 + 1\times 2^2 + 1\times 2^1 + 0\times 2^0$

$$= 16+0+4+2+0=(22)_{10}$$

又如,$(110.1011)_2 = 1\times 2^2 + 1\times 2^1 + 0\times 2^0 + 1\times 2^{-1} + 0\times 2^{-2} + 1\times 2^{-3} + 1\times 2^{-4}$

$$=4+2+0+0.5+0+0.125+0.0625$$

$$=(6.6875)_{10}$$

2. 十进制数转换成二进制数

将十进制数转换成二进制数的方法分为整数部分和小数部分来进行,整数部分采用除2取余法转换,小数部分采用乘2取整法转换。

用除2取余法对整数部分转换的口诀是"除2取余,逆序排列",即将十进制整数逐次除以2,把余数记下来按先得到的余数排在后面,直到该十进制整数为0时止,就得到了相应的二进制整数。例如,29可按此方法转换得(29)$_{10}$=(11101)$_2$。

3. 八进制数转换成十进制数

按权相加法,即把八进制数每位上的权数与该位上的数码相乘,然后求和即得要转换的十进制数。

例如:$(2374)_8 = 2\times 8^3 + 3\times 8^2 + 7\times 8^1 + 4\times 8^0 = (1276)_{10}$

4. 十进制数转换成八进制数

十进制数转换成八进制数的方法是:整数部分转换采用"除8取余法",小数部分转换采用"乘8取整法"。

5. 十六进制数转换成十进制数

按权相加法,即把十六进制数每位上的权数与该位上的数码相乘,然后求和即得要转换的十进制数。

例如:$(2A03)_{16} = 2\times 16^3 + 10\times 16^2 + 0\times 16^1 + 3\times 16^0 = (10755)_{10}$

6. 十进制数转换成十六进制数

将十进制数转换成十六进制数的方法是:整数部分转换采用"除16取余法",小数部分转换采用"乘16取整法"。

任务3　计算机系统

本任务的内容有：计算机系统的组成、计算机硬件设备和计算机中的工作原理。

3.1　计算机系统的组成

计算机系统由如图1-3-1所示的硬件系统和软件系统两部分组成。只有硬件而没有软件的计算机称为"裸机"。"裸机"不能进行任何工作，要使计算机能解决各种实际问题，必须有软件支持。软件是计算机系统的"灵魂"，硬件是计算机系统的"躯体"，两者相互依靠，密不可分。

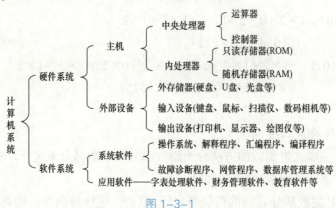

图1-3-1

1．硬件系统

硬件系统通常指机器的物理系统，是看得到、摸得着的物理器件。它包括计算机主机及其外围设备。硬件系统主要由运算器、控制器、存储器、输入设备和输出设备等五大部件组成。

2．软件系统

软件系统通常又称为程序系统，是看不见、摸不着的具有重复使用和多用户使用价值的程序和数据。软件是指在硬件设备上运行的各种程序、数据和一些相关的文档、资料等。通常根据软件用途，将计算机软件分为系统软件和应用软件两大类。

（1）系统软件

系统软件是计算机必备的程序，用以实现计算机系统的管理、控制、运行、维护，并完成应用程序的装入编译等任务。系统软件与具体应用无关，是在系统一级上提供的服务。常用的系统软件有：操作系统、解释程序、汇编程序、编译程序、故障诊断程序、网管程序和数据库管理系统等。

（2）应用软件

应用软件是为了解决计算机应用中的实际问题而开发的，它是某特定领域中的某种具体应用，如字表处理软件、财务管理软件、教育软件等。值得注意的是，系统软件和应用软件之间并无严格的界限,随着计算机应用的普及,应用软件也在向标准化、商业化方向发展,并将纳入软件库中。这些软件库既可看成是系统软件,也可视为应用软件。

3.2 计算机硬件设备

计算机工作速度的快慢、工作质量的高低,不仅取决于软件,更主要取决于硬件的性能指标,也就是说,同样的软件在不同配置的计算机上会表现出很大的差异。下面介绍计算机的硬件组成及其主要性能指标。

1. CPU

CPU即中央处理器,它是计算机的"大脑",计算机的运算、控制都是由它来处理。一台计算机的性能主要取决于CPU,所以通常用CPU的型号来称呼微机或作为衡量微机性能的档次,如PⅣ微机就是指使用奔腾Ⅳ型号CPU的微机。

目前,CPU型号很多,主流产品是Intel系列、AMD系列等,如图1-3-2所示。

图 1-3-2

CPU的主要技术指标如下:

(1) 主频

主频是指CPU的工作频率,是衡量CPU运行速度的指标。一般来说,主频越高,CPU的速度也就越快。Pentium 4/2.0 GHz CPU的主频是2.0 GHz。

(2) 字长

一个字中所包含的二进制数的位数称为字长。字长是衡量计算机性能的一个重要标志。字长越长,数据处理精度越高,速度也越快。通常以字长来称呼CPU,如Pentium 4 CPU的字长是32位,称为32位微处理器。

(3) 高速缓存(Cache)

又称一级缓存。为了提高运算速度,CPU的内部放置了一块称为高速缓冲区的存储区。数据和指令暂存于此,也就是保存在CPU中,从而减少访问RAM(内存)的次数。在CPU中,Cache存储区越大,CPU和内存交换数据的次数就越少,CPU的运算速度也就越快。

(4) 双核处理器(Dual Core Processor)

双核处理器是指在一个处理器上集成两个运算核心,从而提高计算能力。"双核"的概念最早是由IBM、HP、Sun等支持RISC架构的高端服务器厂商提出的,主要运用于服务器上;而"双核"在台式机上的应用则是在Intel和AMD的推广下才得以普及的。目前Intel推出的台式机双核心处理器有Pentium D、Pentium EE(Pentium Extreme Edition)和Core Duo三种类型,三者的工作原理有很大不同,双核CPU要充分发挥其性能,还要有相应的软件支持。现在双核CPU成为主流，目前市场已推出三核（Intel没有）和四核CPU。

2. 存储设备

计算机的存储设备，如内存、硬盘、光盘及U盘等都是用来存储信息的设备。不论是哪种设备，存储信息的单位都是字节，也就是说，计算机是按字节为单位来组织存放数据的。

某个存储设备所能容纳的二进制信息量的总和称为存储设备的存储容量。存储容量用字节数来表示，如512 KB、4 MB、2 GB、1 TB等，其含义为：

1 KB（千字节）=1 024 B　　（相当于能容纳512个汉字）
1 MB（兆字节）=1 024 KB　（相当于能容纳524 288个汉字）
1 GB（吉字节）=1 024 MB　（相当于能容纳5.368 709 12亿个汉字）
1 TB（太字节）=1 024 GB　（相当于能容纳5 497.558 138 88亿个汉字）

（1）内存储器

内存储器简称内存，用来存放当前正在使用的或随时要使用的程序或数据，它是CPU可以直接访问的主存储器，属于主机的一部分。

内存储器根据工作方式的不同，可分为随机存取存储器（RAM）和只读存储器（ROM）。RAM的特点是可以随机存入和读取数据，断电后其中的内容将会丢失。在计算机系统中，内存容量主要由RAM的容量来决定，习惯上将RAM直接称为内存。内存条如图1-3-3所示，安装在主板上CPU的附近。其特点则是只能读取其中的数据，而不能向其中存入数据（ROM中的信息是由计算机厂商固化的），如BIOS ROM，其物理外形一般是双列直插式（DIP）的集成块（图1-3-4）。断电后ROM中的内容不会丢失。

图1-3-3　　　　　　　　　　　　　　　　　　图1-3-4

内存容量是指为计算机系统所配置的主存（RAM）的总字节数，度量单位是MB或GB，如512 MB、1 GB、2 GB等。

（2）外存储器

外存储器一般不直接与CPU打交道，外存中的数据应先调入内存，再由CPU进行处理。与内存储器相比，外存储器的特点是存储容量大、价格较低，而且在断电的情况下也可以长期保存信息，所以称为永久性存储器。外存储器的缺点是存取速度比内存储器的慢。

常见的外存储器有以下几种：

• 硬盘

硬盘也称为固定盘，它一般固定在机箱里。硬盘（图1-3-5）由一组盘片（由磁性材料制成）、驱动器和控制器封装在一起组成。硬盘

图1-3-5

驱动器驱动盘片旋转实现数据存取。硬盘在使用前必须首先进行分区，即将一个物理硬盘划分为多个逻辑硬盘，然后再对每一个逻辑硬盘进行格式化，完成格式化的逻辑硬盘才可以存放数据。计算机中显示的"C："" D：" "E：" "F："等指的都是逻辑硬盘。目前，硬盘容量一般在80 GB～3 TB。

• 光盘

光盘是由光反射材料制成的，光盘驱动器（图1-3-6）是对光盘进行读写操作的一体化设备，它一般固定在机箱里。目前微机中大都配有只读式光盘CD-ROM或DVD-ROM。CD-ROM的容量为650 MB，单面单层DVD的容量为4.7 GB（约为CD-ROM容量的7倍），双面双层DVD盘的容量则高达17 GB（约为CD-ROM容量的26倍）。光驱可以同时带有刻录功能，称为光盘刻录机，记作CD-RW或DVD-RW。在计算机中，光盘盘符一般显示在逻辑硬盘的后面。

图 1-3-6

• U盘

U盘又称优盘，中文全称为"USB（通用串行总线）接口的闪存盘"，是一种USB接口的无需物理驱动器的微型高容量移动存储产品，它采用的存储介质为闪存。U盘不需要额外的驱动器，驱动器及存储介质是合二为一的，只要接上电脑上的USB接口，就可独立地存储、读写数据。目前，U盘容量有2 GB、4 GB、8 GB、16 GB、32 GB等。图1-3-7所示为闪存类的U盘、CF卡、SD卡、TF卡。

U盘　　　　　　　CF卡　　　　　　　SD卡　　　　　　　TF卡

图 1-3-7

• 移动硬盘

移动硬盘具有和U盘一样的特性，但它的容量比U盘的容量大得多，目前移动硬盘容量一般在40 GB～4 TB之间。USB接口的优点是兼容性强、无需任何驱动支持，可实现热插拔、即插即用。图1-3-8所示是几种常见的移动硬盘。

图 1-3-8

（3）输入设备

输入设备的主要任务是把计算机输入操作员所提供的原始信息变换为计算机内能够识别的形式。最常见的输入设备有键盘和鼠标。随着信息化的普及程度越来越高，多种输入设备越来越多地被广泛应用，例如：扫描仪、触摸屏、手写板、麦克风、数码相机（DC）、数码摄像机（DV）、数字摄像头等。图1-3-9所示是常见的一些输入设备。

键盘、鼠标　　　　扫描仪　　　　数码摄像机　　　　数字摄像头

图 1-3-9

（4）输出设备

输出设备的功能是将计算机处理后的结果转换成外界能够识别和使用的数字、字符、声音、图像、图形等信息形式。常用的输出设备有显示器、投影仪、打印机、绘图仪、音响设备等。图1-3-10所示是一些常见的输出设备。

CRT显示器　　　　LED显示器　　　　投影仪　　　　音箱

图 1-3-10

• 显示器

显示器又称为监视器，是微机最基本、最重要的输出设备之一。显示器主要有阴极射线管（CRT）和液晶（LED）两类，如图1-3-10所示。LED显示器具有小体积、低功耗、无闪烁、无辐射的特点，目前计算机上普遍使用LED显示器。

分辨率是指显示器能表示的像素个数，是显示器性能的一个重要指标。分辨率越高，显示的图像和文字就越清晰、细腻。常见的分辨率为800×600、1 024×768像素等。

显示器的尺寸一般是指显像管对角线的长度。目前显示器的尺寸为19英寸、21英寸、22英寸或更大。

• 打印机

打印机也是计算机系统的重要输出设备之一，它的作用是把计算机中的信息打印在纸张或其他介质上。打印机的种类很多，目前常见的有针式打印机、喷墨打印机和激光打印机3种。

针式打印机目前使用较多的是24针打印机。针式打印机的主要特点是价格低廉、耗材费用低、使用方便，但打印速度慢、噪声大。喷墨打印机体积小、质量小、打印质量较高、颜色鲜艳逼真、无噪声。激光打印机具有分辨率高、速度快、不褪色、噪声小等优点，能够支持网络打印，但成本较高，是目前打印机发展的主流方向。图1-3-11所示为3种打印机。

针式打印机　　　　　喷墨打印机　　　　　激光打印机

图 1-3-11

3.3 计算机的工作原理

如图1-3-12所示，在计算机内部，有两种信息在流动，一种是数据流（空心箭头），另一种是控制信号流（实线箭头）。数据流包括原始程序、要处理的原始数据、中间结果和最后结果，这些数据通过输入设备输入存储器中。运算器工作时，从存储器中取得数据，运算得到的中间结果再存到存储器中，最终结果由存储器送到输出设备中输出。

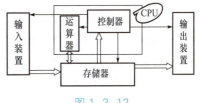

图 1-3-12

输入计算机中的程序同样以数据的形式，由存储器送入控制器中，程序在控制器中被转换成各种控制信号；控制器向输入设备、运算器、存储器和输出设备发出具体的控制指令，从而控制输出设备输出最终的处理结果等。这就是冯·诺依曼提出的"存储程序"和"程序控制"原理。

任务4　计算机安全

本任务的内容有：设备和数据的安全、计算机病毒的防治、信息安全。

4.1 设备和数据的安全

1. 设备安全

设备安全主要是指计算机硬件的安全。对计算机硬件设备安全产生影响的主要是电源、环境和操作3个方面的因素。我们只向大家介绍使用操作的影响。

① 计算机中的各种芯片，很容易被较强的电脉冲损坏。在计算机中这种破坏性的电脉冲通常来源于显示器中的高压，电源线接触不良的打火以及各种部件之间接触不好、造成

电流通断的冲击等。因此，在操作时要注意以下几点：
- 先开显示器后开主机，先关主机后关显示器。
- 在开机状态下，不要随意插拔各种接口卡和外设电缆。
- 特别不要在开机时随意搬动各种计算机设备。

② 各种操作不能强行用力，不能用力敲打键盘和鼠标。

③ 光盘驱动器要通过按钮操作打开与闭合，不要用手推拉，否则有可能对驱动器造成损坏。

④ 抽拔U盘时，要双击右下角U盘"安全删除硬件"标识，弹出"安全删除硬件"窗口后单击"停止"，按"确定"按钮后即可拔出。

2．数据安全

这里的数据包括所有用户需要的程序和数据及其他以存储形式存在的信息资料。保证数据安全就是保证计算机应用的有效性。造成数据破坏或丢失的原因，有计算机故障、操作失误和计算机病毒等几种。

（1）计算机故障

最常见的情况是外存（硬盘、U盘）工作出现故障，使数据无法读出或写入错误。

（2）操作失误
- 在操作使用计算机过程中，误将有用的数据删除。
- 忘记将有用的数据保存起来或找不到已经保存的数据。
- 数据文件的读写操作不完整，使存储的数据无法读出。

（3）计算机病毒感染

U盘感染某些病毒后，通过杀毒后数据可能会部分或完全丢失。

对于计算机故障和操作失误造成数据破坏或丢失的问题，可以通过以下措施来避免或减少损失。
- 经常进行数据备份，保留最新数据。
- 文件操作时要存盘，要清楚文件存放的地方。
- U盘或手机卡（TF卡）不要随意在电脑上插，以免感染上病毒。
- 经常对自己的U盘或手机卡（TF卡）进行病毒的查杀。

4.2 计算机病毒的防治

1．计算机病毒的概念

计算机病毒是指编写的或者在计算机程序中插入的一组计算机指令或者程序代码，它能破坏计算机功能或者毁灭数据，从而影响计算机的正常使用，并且它能完成自我复制。计算机病毒一旦侵入计算机系统，就会危害系统的资源，使计算机不能正常工作。

2．计算机病毒的特点

计算机病毒具有以下几个特点：

① 寄生性：寄生在其他程序之中，当执行这个程序时，病毒就起破坏作用，而在未启动这个程序之前，它是不易被人发觉的。

② 传染性：是病毒的基本特征。计算机病毒通过各种渠道从已被感染的计算机扩散到

未被感染的计算机。

③ 潜伏性：有些病毒像定时炸弹一样，发作时间是预先设计好的。一个编制精巧的计算机病毒程序，进入系统之后一般不会马上发作，可以在几周或者几个月内甚至几年内隐藏在合法文件中，对其他系统进行传染，而不被人发现。潜伏性越好，其在系统中的存在时间就会越长，病毒的传染范围就会越大。

④ 隐蔽性：计算机病毒具有很强的隐蔽性，有的可以通过病毒软件检查出来，有的根本就查不出来，有的时隐时现、变化无常，这类病毒处理起来通常很困难。

⑤ 破坏性：计算机中毒后，可能会导致正常的程序无法运行，以致计算机内的文件被删除或受到不同程度的损坏，通常表现为增、删、改、移。

⑥ 可触发性：因某个事件或数值的出现，诱使病毒实施感染或进行攻击的特性称为可触发性。

3．计算机病毒的传染途径

计算机病毒之所以称为病毒，是因为其具有传染性的本质。病毒传染的传统渠道通常有以下几种：

（1）通过硬盘

通过硬盘传染是重要的渠道，带有病毒的机器被移到其他地方使用、维修等，以致将干净的硬盘传染并再扩散。

（2）通过光盘

光盘容量大，存储了海量的可执行文件，大量的病毒就有可能藏身于光盘，对只读式光盘不能进行写操作，因此光盘上的病毒也不能被清除。以谋利为目的的盗版软件的制作过程中，不可能为病毒防护担负专门责任，也绝不会有真正可靠、可行的技术来保障避免病毒的传入、传染、流行和扩散。当前，盗版光盘的泛滥给病毒的传播带来了很大的便利。

（3）通过网络

这种传染扩散极快，能在很短时间内传遍网络上的机器。Internet的风靡给病毒的传播增加了新的途径，它的发展使病毒可能成为灾难，病毒的传播更迅速，反病毒的任务更加艰巨。Internet带来两种不同的安全威胁：一种威胁来自文件下载，这些被浏览的或是被下载的文件可能存在病毒；另一种威胁来自电子邮件。大多数Internet邮件系统提供了在网络间传送附带格式化文档邮件的功能，因此，遭受病毒的文档或文件就可能通过网关和邮件服务器涌入企业网络。网络使用的简易性和开放性使得这种威胁越来越严重。

4．计算机感染上病毒后的症状

① 程序的装入、执行或访问磁盘的时间比平时长。

② 磁盘空间突然变小，程序或数据神秘丢失。

③ 可执行文件的大小发生变化或发现不知来源的隐藏文件。

④ 显示器上经常出现一些异常信息，如屏幕异常滚动、出现异常图形、屏幕字符滑落、出现一些无意义的画面和奇怪的问候语等。

⑤ 计算机经常出现死机现象。

⑥ 系统的启动、运行或打印速度变慢。

⑦ 计算机无法启动或系统崩溃。

5．计算机病毒的防治

计算机病毒的防治应以"预防为主，清除为辅"。首先应加强对计算机系统安全的科学管理，消灭传染源，切断传播途径，保护易感染部分，这是预防病毒入侵的有效办法。对于微机来说，特别要注意下面几点：

（1）建立良好的安全习惯

例如，不要打开一些来历不明的邮件及附件，不要登录一些不太了解的网站，不要执行从Internet下载后未经杀毒处理的软件等，这些必要的习惯会使用户的计算机更安全。

（2）关闭或删除系统中不需要的服务

默认情况下，许多操作系统会安装一些辅助服务，如FTP客户端、Telnet和Web服务器。这些服务为攻击者提供了方便，而又对用户没有太大用处，如果删除它们，就能大大减少被攻击的可能性。

（3）经常升级安全补丁

据统计，有80%的网络病毒是通过系统安全漏洞进行传播的，像蠕虫王、冲击波、震荡波等，所以我们应该定期到微软网站去下载最新的安全补丁，以防患于未然。

（4）使用复杂的密码

有许多网络病毒就是通过猜测简单密码的方式攻击系统的，因此使用复杂的密码，将会大大提高计算机的安全系数。

（5）安装专业的杀毒软件进行全面监控

在病毒日益增多的今天，使用杀毒软件进行防毒是越来越经济的选择，不过用户在安装了反病毒软件之后，应该经常进行升级，将一些主要监控经常打开（如邮件监控），进行内存监控，遇到问题要上报，这样才能真正保障计算机的安全。

（6）安装个人防火墙软件进行防黑

由于网络的发展，用户电脑面临的黑客攻击问题也越来越严重，许多网络病毒都采用了黑客的方法来攻击用户电脑，因此，用户还应该安装个人防火墙软件，将安全级别设为中、高，这样才能有效地防止网络上的黑客攻击。

任务5　中英文输入

本任务的内容有：微机键盘布局及常用键功能、数据录入的基本方法和汉字输入法。

5.1　微机键盘布局及常用键功能简介

目前，微机使用的多为标准101/102键盘或增强型键盘，下面介绍常用的107键盘。

通常将键盘分为6个区域，即字符键区、功能键区、光标控制键区、数字键区、电源管理区和键盘提示区，如图1-5-1所示。

图 1-5-1

1．字符键区

字符键区与正规的英文打字机键盘十分相似，其中包括英文字母A～Z、数字0～9、标点符号、运算符号以及大写字母锁定键Caps Lock、换档键Shift、控制键Ctrl、组合键Alt等，主要用于输入符号、字母、数字等信息。该区的一些键的功能如下：

① 换档键Shift。按住该键不放可输入上档的各种符号或进行大小写字母的临时切换。

② 大写字母转换键Caps Lock。按住该键，右上角键盘提示区的Caps指示灯亮时可连续输入大写字母；再按该键，Caps Lock指示灯灭时可输入小写字母。

③ 制表键Tab。按住该键，光标可移动一个制表位置（一般移动8个字符位置，但在不同的软件下移动的字符位置可能不同）。

④ 回车键Enter。任何时候按该键，都表示结束前面的输入并转换到下一行开始输入，或者执行前面输入的命令。

⑤ 空格键。按一下该键能输入一个空格符。

⑥ 退格键Back Space。按一下该键可删除光标前边的一个字符。

⑦ 控制键Ctrl。该键单独使用没有意义，主要用于与其他键组合在一起操作，完成一些特定的控制功能。

⑧ 组合键Alt。该键单独使用没有意义，与其他键配合使用能实现一些特定功能。

⑨ 开始菜单键。在左侧和右侧的Ctrl和Alt键之间各有一个，标有Windows标志。在Windows操作系统中，按下该键将打开"开始"菜单。

⑩ 快捷菜单键。位于右侧Ctrl和Alt键之间，按下该键后会弹出相应的快捷菜单，其功能相当于单击鼠标右键。

2．功能键区

① F1～F12键。其具体功能通常是由不同的软件来定义的，因此，在不同的软件系统中，它们各自有着不同的功能。

② 暂停键Pause。按一下该键可暂停正在执行的命令和程序，按任意键即可继续执行。

③ 屏幕打印键Print Screen。按下该键可以将当前屏幕界面复制到剪贴板，然后粘贴到文件中；该键和Shift键配合（Shift+Print Screen）可将屏幕内容送打印机打印出来。

④ 屏幕滚动锁定键Scroll Lock。按下此键，右上角键盘提示区的Scroll Lock指示灯亮时，则屏幕显示停止滚动，直到再按此键为止。

⑤ Esc键。其功能是退出当前环境、取消操作或终止某个程序的运行、返回原菜单等。

3．光标控制键区

该区的主要功能是控制光标在屏幕上的位置。

① 光标移动键。↑、↓键使光标上移、下移一行，→、←键使光标右移、左移一个字符位；Home键使光标移到当前行的起始位置，End键使光标移到当前行的结束位置；Page Up键翻到上一页，Page Down键翻到下一页。

② 插入键Insert。改变插入与改写状态。

③ 删除键Delete。删除光标后的一个字符。

4．数字键区（小键盘区）

该区的键位和其他键区基本上是重复的，主要是为了数字输入的快捷和方便。键位上的上、下档功能由数字锁定键（Num Lock）来控制。当按下Num Lock键时，右上角键盘提示区的Num Lock指示灯亮，则上档键数字起作用；再按该键使Num Lock灯灭时，则下档各光标键起作用。

5．电源管理区

通过电源管理键可将计算机置于工作、待机或关闭状态。

① 工作键Wake Up。该按键可将计算机从休眠状态切换到工作状态。

② 休眠键Sleep。该按键可将计算机置于休眠状态。

③ 电源键Power。该按键可将计算机置于关闭状态。

> **注意**
>
> 在通电情况下，建议大家不要通过电源管理区中的Power键来直接关闭计算机电源，这样会缩短计算机的工作寿命。

5.2 数据录入的基本方法

1．键盘操作的姿势

键盘操作时，身体保持端正，稍偏于键盘左方，腰挺直，头稍低，两脚平放在地面上，椅子的高度以双手可平放在桌上为准，全身重心置于椅子上。两手自然放松，方便手指击键。手腕及肘部要成一条直线，手指自然弯曲地轻放于基准键上（图1-5-2），手臂不要往两边张开。击键时要保持相同的击键节拍，不可用力过大。

2．键盘操作的基本指法

不击键时，手指放在基准键上，其中F、J键是中心键，其键面上会有一个小小的标记；击键时手指从基准位置伸出，左右手的手指位置如图1-5-3所示。

操作时两眼应看稿件或屏幕（称为盲打），而手指则按照操作指法击相应的键

图 1-5-2

位。长期训练可养成好的操作习惯，使击键快速准确。

3．数字小键盘的基本指法

数字小键盘区有4列17个键位，输入数据时可用左手翻阅资料，右手击键。右手手指的分工如图1-5-4所示。

图 1-5-3

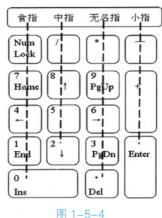

图 1-5-4

5.3 汉字输入方法

1．汉字输入法简介

由于键盘上没有汉字键，所以我们输入的并不是汉字本身，而是与某种汉字编码方案相应的汉字代码，称为输入码或外码。

汉字输入方法是中文信息处理的关键问题之一，要进行汉字文字处理和汉字信息管理，就必须掌握汉字的输入方法。汉字的输入方法有很多种，如键盘输入、语音识别输入、扫描识别输入、手写输入等。

扫描识别输入是通过扫描仪将现有印刷或手写的汉字文本直接输入电脑中。它采用模式识别技术对汉字进行识别，并将其转换成给定的代码存入电脑。这种方法目前对汉字识别率在90%左右，而且还在进一步研究完善中。

语音识别输入是通过麦克风将人们发出的声音传送到电脑中，由电脑自动进行语音识别，从而把语言文字转换成汉字输入电脑中。目前这种方法还不能达到很高的识别率，同样也在进一步研究提高之中。

手写输入是通过一种与电脑相连接的特殊笔，在一块特制的写字板上写汉字，由电脑自动识别并存入电脑中。这种方法目前可达到较高的识别率，但还需要进一步完善。

键盘输入就是通过电脑的键盘，用特定的汉字输入方法将汉字输入电脑中。目前键盘输入仍占主导地位，其输入方法可分为以下几类：

（1）序号码

将汉字以一定规则排列后，依次对汉字进行编号，该编号数字作为汉字的输入代码，就是序号码，如国标码、区位码、电报码等。这类编码方案的特点是，每一个编码与一个汉字是唯一对应的，无重码，但编码缺乏记忆规律，完全靠死记硬背，没有受过专门训练的人很难掌握。

（2）音码

按照汉字的读音，用拼音的方法来实现汉字的编码，如全拼、微软拼音、智能ABC等。这类编码的特点是，只要会正确拼读汉字，就可掌握编码的规律。音码的记忆量少，容易被初学者接受，但这类编码的重码率极高，需要按屏幕提示选字，因此会影响汉字的输入速度。

（3）形码

把汉字按照某种规则加以拆分、排序、编码，如五笔字型、郑码等。这类编码的特点是，编码规则与汉字字形的对应性很强，重码少，但掌握难度比音码的大，不过一旦掌握了一种字形码，就可大幅度提高汉字的输入速度。

（4）音形码

兼顾了汉字的读音、字形而构成的编码，如自然码、表形码等。这类编码兼有音码和形码的特点，增加了区分不同汉字的手段，减少了重码，提高了汉字的输入速度。

在中文Windows 7操作系统中，系统默认安装了几种输入法，除此之外，使用者还可以安装其他的输入法。Windows 7系统中具有的输入法，可以通过桌面任务栏上的图标进行查看或选择。

2．汉字输入步骤

（1）输入法的切换

指中文输入法与西文输入法的切换。

在Windows 7中，各种输入法之间的切换均可用鼠标或控制键实现。将鼠标指向任务栏右边的输入法切换按钮，单击，然后在弹出的输入法菜单中选择一种输入法，如智能ABC输入法，在屏幕左下角出现输入法状态条。

上述输入法的选择也可用Ctrl+Shift组合键来实现。当选择了一种输入法后，可用Ctrl+空格组合键来打开或关闭该输入法。

（2）中文输入法的状态条

在选用了一种汉字输入法后，出现如图1-5-5所示的输入法状态条，其中包括中英文切换按钮、全角/半角切换按钮、中英文标点切换按钮、软键盘开关按钮。输入法状态条表示当前的输入状态，可以通过单击它来切换状态。各按钮的含义如下：

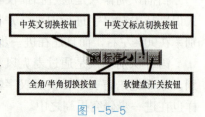

图1-5-5

• 中英文切换按钮

中英文切换按钮用来表示当前是否进行中文输入。单击该按钮一次，该按钮变为，表示当前可以进行英文输入，亦可按Caps Lock键进行切换；再单击该按钮一次，该按钮变为，表示当前可以进行中文输入。

• 全角/半角字符切换按钮

全角/半角字符切换按钮用于输入全角/半角字符。单击该按钮一次，即进入全角字符输入状态，全角字符即汉字的显示形式；再单击该按钮，回到半角字符状态，也可按Shift+空格键进行切换。

- 中英文标点切换按钮

单击该按钮可进行中英文标点的切换，也可按Ctrl＋。(句号)键进行切换。

- 软键盘开关按钮

用鼠标右键单击软键盘，在打开的菜单中选择可输入不同符号的软键盘，即可输入许多键盘上没有的符号。

（3）文字的键盘输入

在已经选定输入法的状态下，从键盘上连续输入一个汉字的编码，即可完成汉字的输入。需要注意的是，输入汉字的编码时，键盘只能处于小写英文字母的输入状态。

（4）文字的手写输入

当用拼音法输入不会读的字时，可采用手写输入法，常用的搜狗拼音输入法和微软拼音输入法均支持手写输入。微软拼音输入法直接支持手写输入，而搜狗拼音输入法通过"扩展功能"在线自动下载并安装手写输入功能后才能使用。下面分别介绍以上两种输入法的手写输入的使用。

微软拼音手写输入步骤：

- 开启微软拼音指示器上的输入板按钮，如图1-5-6所示。
- 打开输入板窗口，如图1-5-7所示。
- 单击"清除"按钮，开始手写输入，如图1-5-8所示。

图 1-5-6

图 1-5-7

图 1-5-8

- 在左边的写字板里，用鼠标左键按顺序写入笔画，完成字的笔画输入，如图1-5-9所示。
- 完成字的笔画输入后，在右边的字选框中，单击确认的汉字，完成字的输入，如图1-5-10所示。

图 1-5-9

图 1-5-10

搜狗拼音手写输入步骤：

- 开启搜狗拼音指示器上的菜单按钮，如图1-5-11所示。
- 单击"扩展功能"→"手写输入"（如手写输入未安装，则根据提示自动下载并安装），如图1-5-12所示，弹出"手写输入"窗口，如图1-5-13所示。

图 1-5-11

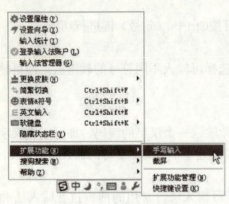
图 1-5-12

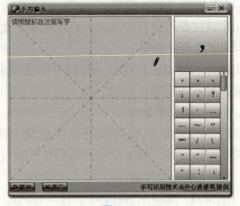
图 1-5-13

- 按提示在写字板上用鼠标写字，完成字的笔画输入后，在右边的字选框中，单击确认的汉字，完成字的输入，如图1-5-14和图1-5-15所示。

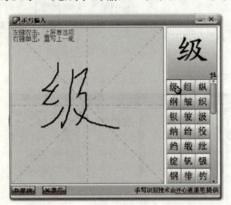
图 1-5-14

图 1-5-15

3．常用汉字输入法简介

（1）搜狗拼音输入法

搜狗拼音输入法是2006年6月由搜狐（Sohu）公司推出的一款Windows平台下的汉字拼音输入法，是基于搜索引擎技术的、特别适合网民使用的、新一代的输入法。用户可以通过互联网备份自己的个性化词库和配置信息。虽然从外表上看起来搜狗拼音输入法与其他输入法相似，但是其内在核心与传统的输入法截然不同。传统的输入法的词库是静态的、陈旧的，而搜狗输入法的词库是网络的、动态的、新鲜的。搜狗拼音输入法为中国国内现今主流汉字拼音输入法之一。

主要特色：

- 网络新词：搜狐公司将此作为搜狗拼音最大优势之一。鉴于搜狐公司同时开发搜索引擎的优势，搜狐声称在软件开发过程中分析了40亿网页，将字、词组按照使用频率重新排列。在官方首页上还有搜狐制作的同类产品首选字准确率对比。用户使用表明，搜狗拼音的这一设计的确在一定程度上提高了打字的速度。

- 快速更新：不同于许多输入法依靠升级来更新词库的办法，搜狗拼音采用不定时在线更新的办法。这减少了用户自己造词的时间。

• 整合符号：这一项同类产品中也有做到，如拼音加加。但搜狗拼音将许多符号表情也整合进词库，如输入"haha"，得到"^_^"。另外，还提供一些用户自定义的缩写，如输入"QQ"，则显示"我的QQ号是XXXXXX"等。

• 笔画输入：输入时以"u"做引导可以用笔画结构输入字符，如"h"（横）、"s"（竖）、"p"（撇）、"n"（捺）、"d"（点）、"t"（提）。值得一提的是，竖心的笔顺是点点竖（nns），而不是竖点点。

• 输入统计：搜狗拼音提供一个统计用户输入字数、打字速度的功能，但每次更新都会清零。

• 输入法登录：可以使用输入法登录功能登录搜狗、搜狐、chinaren、17173等网站会员。

• 个性输入：用户可以选择多种精彩皮肤，更有每天自动更换一款的<皮肤系列>功能。

• 细胞词库：细胞词库是搜狗首创的、开放共享、可在线升级的细分化词库功能。细胞词库包括但不限于专业词库，通过选取合适的细胞词库，搜狗拼音输入法可以覆盖几乎所有的中文词汇。

（2）微软拼音输入法

微软拼音输入法是一个汉语拼音语句输入法，用户可以连续输入汉语语句的拼音，系统会自动选出拼音所对应的最可能的汉字，免去逐词逐词进行同音选择的麻烦。

微软拼音输入法设置了很多特性，例如，自学功能、用户自造词功能，经过很短时间与用户的交互，微软拼音输入法会适应用户的专业术语和句法习惯，这样，就越来越容易一次输入语句成功，从而大大提高了输入效率。

另外，微软拼音输入法还支持南方模糊音输入、不完整输入等许多丰富的特性，以满足不同用户的需求。

（3）智能ABC输入法

在一般的汉字操作环境中，拼音输入法都是基本的输入方式之一。拼音码的编码与汉语拼音是一致的，比较容易学习掌握。智能ABC输入法是一种音码输入法，它是以拼音为基础，以笔形输入为辅，以词组输入为主的具有一定智能化功能的汉字输入法。智能ABC输入法智能化程度高，具有自动分词、自动造词、人工造词和记忆等功能。智能ABC输入法设置了标准和双打两种输入方式，支持全拼、简拼和笔形三种类型的输入模式，并且这三种类型的输入模式可以互相组合使用形成全拼加简拼（即混拼）、全拼加笔形、简拼加笔形和混拼加笔形等多种输入模式。因此，它克服了拼音输入重码多的缺点，与其他拼音输入方案相比具有较高的输入效率。智能ABC输入法的学习和使用都极为容易，只要会拼音或了解汉字的书写顺序，就能进行汉字输入，从而这种输入法得到了广泛应用。

（4）五笔字型输入法

五笔字型汉字输入法是当前我国流行的一种汉字输入方法，它的规律性较强、重码率较低、输入速度快，较容易学习，是国内外公认的优秀汉字输入法。

汉字可以用若干基本部件拼合而成，用来拼字的基本部件叫字根，它是由若干笔画连接交叉形成的相对不变的结构。五笔字型方案认为所有汉字都可由130种字根组合构成，如同所有英文单词都可由26个字母组成一样，利用软件技术并按一定的规则把这些字根安排在键盘上的A~X这25个字母键上。输入某个汉字时，一般情况下，先找出构成这个字的字根，再按字根所在的键位敲击相应的字母键就可以输入汉字。

五笔字型输入法的详细介绍请参见附录。

项目二　Windows 7操作系统

Windows 7是Microsoft公司推出的，为个人计算机开发的基于可视化窗口的多任务操作系统。Windows 7是对Windows XP系统的美化与升级版本，Windows 7系统界面华丽，视觉效果好，系统性能很稳定。该系统旨在让人们的日常电脑操作更加简单和快捷，并为人们提供高效易行的工作环境。

任务1　初识Windows 7

1.1　Windows 7系统的启动与关闭

1. 系统启动

连通电源后，按下主机机箱上的电源开关，电脑便会启动，并开始进行开机自检，成功自检后，系统会进入Windows 7系统桌面。

> **注意**
>
> 启动系统前，别忘了打开电脑的显示器的电源。当按下显示器的电源开关时，旁边的电源指示灯会亮起。通常显示器的电源开关在显示屏的下方。

2. 系统退出

用户操作结束后，即可关机退出Windows 7系统。单击桌面左下方的"开始"按钮，在弹出的"开始"菜单中单击"关机"按钮，即可退出Windows 7操作系统，如图2-1-1所示。

若单击"关机"按钮右侧的三角箭头，可以弹出更详细的操作命令，实现"切换用户""注销""锁定""重新启动""睡眠"等功能，如图2-1-2所示。

 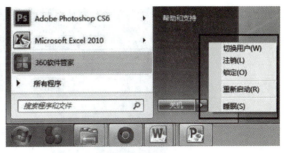

图 2-1-1　　　　　　　　　　　　　　图 2-1-2

> **注意**
>
> 若出现系统死机、桌面被锁、鼠标不能动的情况，可以通过长按电源键来使电脑强制关机。但这样会对系统的稳定性有不良影响。

1.2　Windows 7的优点

Windows 7可供家庭及商业工作环境、笔记本电脑、多媒体中心等使用，它与以前的操作系统相比，具有很多优点。

1．更快的速度和性能

Microsoft在开发Windows 7的过程中，始终将性能放在首要位置。Windows 7不仅仅在系统启动时间上进行了大幅度的改进，并且连从休眠模式唤醒系统这样的细节也进行了改善，这使Windows 7成为一款反应更快速、感觉更清爽的操作系统。

2．更个性化的桌面

在Windows 7中，用户能对自己的桌面进行更多的操作和个性化设置，内置的主题包带来的不仅是局部的变化，更是整体风格统一的壁纸、面板色调，甚至系统声音都可以根据用户喜好选择定义。如果用户喜欢的桌面壁纸有很多，则可以同时选择多张壁纸，让它们在桌面上像幻灯片一样播放，还可以设置播放的速度。同时，用户可以根据需要设置个性主题包，包括喜欢的壁纸、颜色、声音和屏保。

3．革命性的工具栏设置

进入Windows 7，用户会在第一时间注意到屏幕最下方经过全新设计的工具栏。这条工具栏从Windows 95时代沿用至今，终于在Windows 7中有了革命性的颠覆。工具栏上所有的应用程序都不再有文字说明，只剩下一个图标，而且同一个程序的不同窗口将自动群组。鼠标指针移到图标上时会出现已打开窗口的缩略图，单击便会打开该窗口。在任何一个程序图标上单击右键，会出现显示相关选项的选单。在这个选单中除了更多的操作选项之外，还增加了一些强化功能，可以让用户更轻松地实现精确导航并找到搜索目标，如图2-1-3所示。

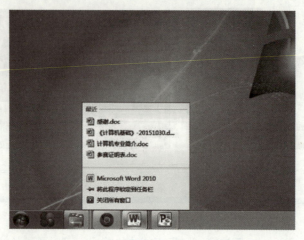

图 2-1-3

4. Windows 7触控技术

Windows 7支持通过触摸屏来控制电脑,Windows Touch带来极致触摸触控体验。在配置触摸屏的硬件上,用户可以通过自己的指尖来实现许多功能。

1.3 认识桌面

进入Windows 7后,用户首先看到的是桌面。桌面的组成元素主要包括桌面背景、图标、"开始"按钮、快速启动工具栏、任务栏和状态栏。

1. 桌面背景

桌面背景可以是个人收集的图片、Windows提供的图片、纯色或带有颜色框架的图片,也可以显示幻灯片图片。

2. 图标

所谓图标,是指在桌面上排列的小图像,它包含图形和说明文字两部分,如果把鼠标放在图标上停留片刻,就会出现该图标所表示内容的说明或者文件存放的路径,双击图标就可以打开相应的内容。

3. "开始"按钮

"开始"按钮位于屏幕的左下角。单击"开始"按钮,会弹出如图2-1-4所示的"开始"菜单。

"开始"菜单主要包括"固定程序"列表、"常用程序"列表、"所有程序"按钮、"启动"菜单、"搜索"框和"关闭选项"按钮区。

(1)"固定程序"列表

此列表中显示开始菜单中的固定程序,单击可以快速地打开该应用程序。

图 2-1-4

(2)"常用程序"列表

此列表中主要存放系统常用程序,是随着时间动态分布的,如果超过10个程序,它们会按照时间先后顺序依次替换。

(3)"所有程序"按钮

单击"所有程序"按钮,即可打开"所有程序"列表。用户在"所有程序"列表中可以查看系统中安装的所有软件程序。单击文件夹的图标,可以继续展开相应的程序,单击"返回"按钮,即可隐藏"所有程序"列表。

(4)"启动"菜单

"开始"菜单的右侧窗格是"启动"菜单。该菜单中列出来经常使用的Windows程序链接,常见的有"文档""计算机""控制面板""图片""音乐"等。单击不同的程序选项,即可快速打开相应的程序。

(5)"搜索"框

"搜索"框主要用来搜索电脑上的项目资源,是快速查找资源的有力工具。

(6)"关闭选项"按钮区

"关闭选项"按钮区用来对操作系统进行关闭退出相关操作。

4. 快速启动工具栏

快速启动工具栏由一些小型的按钮组成,单击该按钮可以快速启动程序。用户可根据个人需要将常用的程序添加到快速启动工具栏中,如图2-1-5所示。

图 2-1-5

5. 任务栏

在桌面最底部有一个水平长条,叫任务栏。任务栏主要由"程序"区域、语言栏、通知区域、时间区域和"显示桌面"按钮组成,如图2-1-6所示。

图 2-1-6

(1)"程序"区域

当用户启动某项应用程序后,在任务栏上会出现相应的有立体感的按钮,表明当前程序正在运行。

(2)语言栏

在语言栏中,用户可以选择各种语言输入法,语言栏可以最小化,并以按钮的形式在任务栏显示,单击右上角的还原按钮,也可以使其独立于任务栏之外。

(3)通知区域

通知区域的白色三角形按钮" "的作用是隐藏不活动的图标和显示隐藏的图标。如果用户在任务栏属性中选中"隐藏不活动的图标"复选框,系统会自动将用户最近没有使用过的图标隐藏起来,以使任务栏的通知区域不杂乱。它在隐藏图标时会出现一个小文本框提醒用户。

（4）时间区域

该区域显示了当前的时间和日期，把鼠标在上面停留片刻，会出现当前的详细日期；双击后打开"日期和时间属性"对话框，可对时间进行调整。

（5）"显示桌面"按钮

在任务栏的最右侧，有个"显示桌面"按钮。单击该按钮，可以快速将所有窗口最小化并显示桌面，再次单击该按钮，可还原先前的窗口为活动状态。

1.4 窗口的基本操作

Windows系统，它的英文意思就是"窗口"系统。所有的操作都是在一个个"窗口"里面完成的。窗口的操作是系统中是最基本的操作，包括打开窗口，最大化、最小化和关闭窗口，移动窗口，调整窗口的大小，切换窗口操作等。

1．打开窗口

当需要打开一个窗口时，选中要打开的窗口图标，然后双击鼠标左键即可打开；也可以通过快捷菜单打开窗口，首先在选中的图标上单击鼠标右键，在弹出的快捷菜单中选择"打开"命令，就可打开该窗口。

2．最大化、最小化和关闭窗口

单击标题栏上最大化按钮 ▢ ，使当前窗口满屏幕显示，此时最大化按钮变成 ▣ ，单击还原按钮 ▣ ，可以还原窗口。单击标题栏上的最小化按钮 ▁ ，窗口从屏幕上消失，变为任务栏上一个运行程序图标，单击该运行程序图标，窗口可以变为活动窗口，并在屏幕上重新出现。另外，在标题栏上双击可以进行最大化与还原两种状态的切换。如果要停止某一应用程序的运行或使某个窗口关闭，可以单击该应用程序对应的窗口标题栏上的 ✕ 按钮，则关闭窗口，同时停止应用程序的运行；也可以使用Alt + F4快捷键来关闭窗口。

3．移动窗口

移动窗口时，用户只需要在标题栏上按下鼠标左键拖动，移动到合适的位置后再松开即可。如果需要精确地移动窗口，可以在标题栏上单击鼠标右键，在打开的快捷菜单中选择"移动"命令，当屏幕上出现"✥"标志时，再通过按键盘上的方向键来移动，到合适的位置后单击鼠标左键或者按回车键确认，即可完成操作。

4．调整窗口的大小

把鼠标放在窗口的边框上，当鼠标指针变成双向箭头时，任意拖动可改变窗口的宽度或高度。当需要对窗口进行等比缩放时，可以把鼠标放在窗口的任意角上，当鼠标指针变成斜的双向箭头时进行拖动即可。

5．切换窗口

虽然用户打开了多个窗口，但当前工作的前台窗口却只有一个，有时用户需要在不同窗口之间任意切换，同时进行不同的操作。在"任务栏"处单击代表窗口的图标按钮，即可将后台窗口切换为前台窗口。要快捷地切换窗口，可使用Alt+Tab快捷键。同时按下该快捷键后，屏幕上会出现任务栏，系统当前正在打开的程序都以图标的形式平行排列出来。按住Alt键不放的同时，再按Tab键可在这些程序中进行选择；松开该键后，所选的程序将会被切换为前台程序。

> **注意**
>
> Windows 7系统还可以通过组合键来调节窗口：
> Win+↑组合键可使窗口最大化；Win+↓组合键可使窗口还原或最小化；Win+←组合键可使窗口靠左显示；Win+→组合键可使窗口靠右显示。

任务2　Windows 7的个性化设置

2.1　个性化桌面设置

1．设置主题

主题是指桌面背景、窗口颜色、声音和屏幕保护程序，单击某个主题可快速切换，用户可以选择系统自带的主题，也可以联机获得更多的主题。

第1步：在桌面空白处单击鼠标右键，在弹出的快捷菜单里选择"个性化"命令，弹出"更改计算机上的视觉效果和声音"窗口，在"Aero主题"列表中，单击需要设置的主题即可快速设置，这里选择"NASA Spacescapes"主题，如图2-2-1所示。

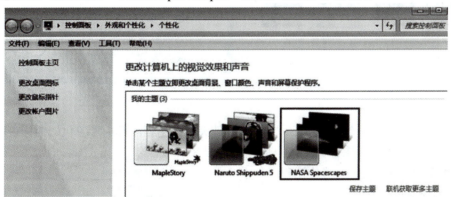

图2-2-1

第2步：返回桌面，即可看到设置后的效果，如图2-2-2所示。

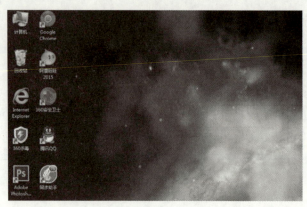

图 2-2-2

2．设置桌面背景

Windows 7自带了很多漂亮的背景图片，用户可以选择自己喜欢的图片作为桌面背景。除此之外，用户还可以把自己收藏的图片设置为背景图片。

第1步：在桌面空白处单击鼠标右键，在弹出的快捷菜单里选择"个性化"命令，弹出"更改计算机上的视觉效果和声音"窗口，选择"桌面背景"选项。

第2步：弹出"选择桌面背景"窗口，在"图片位置"列表中选择图片存放的路径，在下面的列表框中单击一幅图片，将其选中，如图2-2-3所示。设置后，桌面将会以该图片为背景。

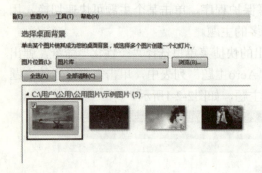

图 2-2-3

> **注意**
>
> 如果想以幻灯片的形式显示桌面背景，在弹出的"选择桌面背景"窗口中，可以单击"全选"按钮，将该路径下的所有图片选中，在"更改图片时间间隔"列表中选择桌面背景的替换间隔时间，单击"保存修改"按钮即可完成设置。

3．设置桌面图标

在Windows操作系统中，所有的文件、文件夹及应用程序都由形象化的图标表示。在桌面上的图标被称为桌面图标。双击桌面图标可以快速打开相应的文件、文件夹或应用程序。

（1）添加图标

方法1：从别的地方通过鼠标拖动的办法拖动一个新的图标到桌面上。

方法2：右键单击需要添加的文件夹或应用程序，在弹出的快捷菜单中选择"发送到"→"桌面快捷方式"命令，添加桌面图标，如图2-2-4所示。

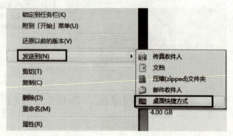

图 2-2-4

(2)设置查看图标

在桌面上任意空白地方单击鼠标右键,从弹出的快捷菜单中选择"查看"命令,在弹出的子菜单中可以选择3种图标大小的显示方式,分别为"大图标""中等图标"和"小图标",还可以有"自动排列图标"、"将图标与网格对齐"和"显示桌面图标"的设置选择,如图2-2-5所示。

自动排列:选择该项时,在对图标进行移动时会出现一个选定标志,这时只能在固定的位置将各图标进行位置的互换,而不能拖动图标到桌面上任意位置。

对齐到网格:选择该项时,如果调整图标的位置,它们总是成行成列地排列,也不能移动到桌面上任意位置。

显示桌面图标:取消"√"标志后,桌面上将不显示任何图标。

(3)排列图标

在桌面上任意空白地方单击鼠标右键,从弹出的快捷菜单中选择"排列方式"命令,在弹出的子菜单中可以选择"名称""大小""项目类型""修改时间"等来排列图标,如图2-2-6所示。

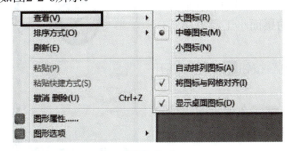

图2-2-5　　　　　　　　　　　图2-2-6

(4)图标的重命名与删除

移动鼠标到桌面图标上,单击鼠标右键,从弹出的快捷菜单中选择"重命名"命令,当图标的文字说明位置呈反相显示时,用户可以输入新名称,然后在桌面上任意位置单击,即可完成对图标的重命名。

当需要删除桌面上无用的图标时,同样在所需要删除的图标上单击鼠标右键,在弹出的快捷菜单中执行"删除"命令。用户也可以在桌面上选中该图标,然后按键盘上的Delete键直接删除。

2.2　有用的桌面小工具

和Windows XP相比,Windows 7新增了桌面小工具。用户只要将小工具的图标添加到桌面上,即可快捷地使用。

1. 添加小工具

第1步:在桌面上任意空白地方单击鼠标右键,从弹出的快捷菜单中选择"小工具"命令。

第2步:在弹出如图2-2-7所示的"小工具库"中,选择需要的小工具图标,用鼠标将其直接拖动到桌面即可。

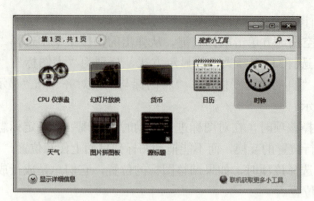

图 2-2-7

2. 设置小工具

小工具被添加到桌面后，即可直接使用。同时，用户还可以移动、设置不透明度等。

第1步：将鼠标指针放在桌面小工具上，按住鼠标左键不放，直接拖拽到适当的位置放下，即可移动桌面小工具的位置，如图2-2-8所示。

第2步：单击桌面小工具右侧的"选项"按钮，即可展开桌面小工具，可对其进行相关设置。

第3步：选择桌面小工具并单击鼠标右键，在弹出的快捷菜单中选择"前端显示"命令，即可设置小工具在桌面的最前端，如图2-2-9所示。

图 2-2-8

第4步：如果选择"不透明度"命令，在弹出的子菜单中选择不透明度的值，即可设置桌面小工具的不透明度，如图2-2-10所示。

图 2-2-9

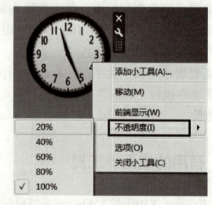

图 2-2-10

3. 移除小工具

小工具被添加到桌面后，如果不再使用，可以将其移除。单击桌面小工具右侧的"关闭"按钮即可。

任务3　文件管理

3.1　认识文件和文件夹

1. 文件

Windows操作系统中对信息的存储或使用操作都是通过对文件和文件夹的组织和管理来完成的。文件是Windows存取信息的基本单位，一个文件可以是文字、图片、影片和应用程序等。每个文件都有自己唯一的名称，Windows 7正是通过文件的名字来对文件进行管理的。

（1）文件名

文件名由主文件名和扩展名两部分组成，中间以"."符号分隔。主文件名是文件的主要标记，而扩展名则用于表示文件的类型。

在Windows 7中，文件命名的规则如下：

- Windows 7支持长文件名，文件名长度最多可达256个字符，1个汉字相当于2个字符。
- 文件名中可以包含空格和多个分隔符"."（最后一个分隔符后面的才是扩展名部分）。
- 文件名中不能包含的字符有？、*、\、"、<、>、|、：、/。
- 文件名中不区分字母的大小写，并且可以是汉字。

> **注意**
> 主文件名是不可缺的，扩展名是可选的，可以只有主文件名，没有扩展名，但不能只有扩展名，没有主文件名。

（2）文件类型

根据文件中存储的信息不同，在Windows 7中把文件分为许多不同的类型。不同类型的文件，其显示的图标和描述是不同的。扩展名是表示文件类型的，常见的扩展名所对应的文件类型见表2-3-1。

表 2-3-1

文件类型	扩展名	文件类型	扩展名
文本文件	.txt	图像文件	.jpg
Word 文件	.doc/.docx	位图文件	.bmp
Excel 电子表格文件	.xls	压缩文件	.rar/.zip
可执行文件	.exe	声音文件	.wav/.mp3
幻灯片文件	.ppt/.pptx	视频文件	.avi/.mp4

> **注意**
> 不同类型的文件，有不同的文件图标。

(3) 查看文件的扩展名

Windows 7默认情况下并不显示文件的扩展名,用户可以通过设置显示文件的扩展名。

第1步:在打开的"计算机"窗口中,单击"工具"菜单→"文件夹选项"命令。

第2步:在打开的"文件夹选项"对话框中,单击"查看"选项卡,在"高级设置"栏中取消勾选的"隐藏已知文件类型的扩展名"复选框,如图2-3-1所示。

第3步:单击"确定"按钮,用户便可以查看到文件的扩展名。

2. 文件夹

在Windows 7中,文件夹主要用来存放文件,是存放文件

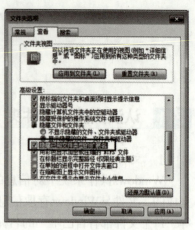

图 2-3-1

的容器,文件可以分门别类地存放在不同的文件夹中。在文件夹中可存放所有类型的文件,也可以存放下一级文件夹(或称子文件夹),同样,子文件夹也可存放文件和其下属的文件夹。

3.2 文件和文件夹的基本操作

1. 资源管理器

"资源管理器"是 Windows 系统提供的资源管理工具,用户可以用它查看本台计算机的所有资源,特别是通过它提供的树形文件系统结构,能更清楚、更直观地认识计算机的文件和文件夹。在"资源管理器"中还可以很方便地对文件进行各种操作,如打开、复制、移动等。

直接双击桌面上的"计算机"图标,打开的"计算机"对话框实际上就是资源管理器。资源管理器启动后,在左侧窗格中会以树形结构显示计算机中的资源(包括网络),单击某一个文件夹会显示更详细的信息,同时,文件夹中的内容会显示在右侧的主窗格中,如图2-3-2所示。

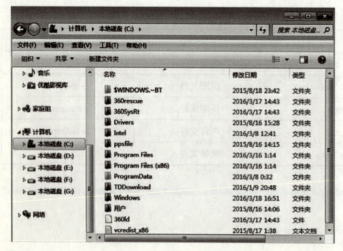

图 2-3-2

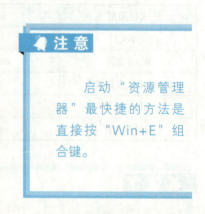

注意

启动"资源管理器"最快捷的方法是直接按"Win+E"组合键。

2．设置文件或文件夹的显示方式

单击窗口菜单栏中的"查看"菜单，可以设置文件或文件夹图标的显示方式，如"超大图标""大图标""中等图标""小图标""列表""详细信息""平铺""内容"等。另外，选择"排列图标"选项，在弹出的子菜单中可以对窗口中的文件或文件夹按照"名称""大小""类型""修改时间"等选项进行排列。

3．创建文件或文件夹

在需要创建文件或文件夹的位置单击鼠标右键，在弹出的快捷菜单中选择"新建"子菜单，在展开的子菜单中选择要创建的类型，如"Microsoft Office Word文档""文件夹"等。

4．选择文件或文件夹

在对文件或文件夹操作之前，要先选定文件或文件夹。一次可以选定一个文件或文件夹，也可以选定多个连续或不连续的文件或文件夹。被选定的文件或文件夹的图标将反相显示。

（1）选定单个文件或文件夹

按照文件或文件夹的路径，找到要选定的文件或文件夹的图标，用鼠标左键单击即可选定。

（2）选定相邻的多个文件或文件夹

单击要选定的第一个文件或文件夹，按住Shift键不放，再单击最后一个文件或文件夹。

在要选定的相邻文件或文件夹外围空白处，按住鼠标左键并拖动鼠标，到待选文件或文件夹全部都位于鼠标拖动后出现的矩形虚线框内，并且虚线区域内的文件或文件夹均呈反相显示时释放鼠标，则区域内的所有文件或文件夹被选定。

（3）选定多个不相邻的文件或文件夹

用鼠标左键单击待选定的一个文件或文件夹，按住Ctrl键，再用鼠标左键依次单击待选定的文件或文件夹，则被单击的文件或文件夹均被选定。

（4）全选

若要选定所有的文件或文件夹，单击菜单栏的"编辑"菜单，选择"全部选定"命令，或按Ctrl +A快捷键。

（5）取消文件或文件夹的选择

在窗口的任意空白区域上单击，将取消文件或文件夹的选中状态，高亮显示自动消失。如果取消某一个文件或文件夹，可按住Ctrl键不放，再单击要取消的文件或文件夹。

5．移动和复制文件或文件夹

（1）移动文件或文件夹

第1步：单击选择需要移动的文件或文件夹。

第2步：单击"编辑"菜单→"剪切"命令。

第3步：打开要移动文件或文件夹的目标位置，单击"编辑"菜单→"粘贴"命令，完成移动。

（2）复制文件或文件夹

第1步：单击选择需要复制的文件或文件夹。

第2步：单击"编辑"菜单→"复制"命令。

第3步：打开要复制文件或文件夹的目标位置，单击"编辑"菜单→"粘贴"命令，完成复制。

> **注意**
>
> 1. 剪切、复制和移动命令也可以通过快捷键来实现，它们的快捷键分别是Ctrl+X、Ctrl+C和Ctrl+V。
> 2. 鼠标拖动文件或文件夹从原位置到目标位置，可以完成移动操作。
> 3. 按住Ctrl键不放，再用鼠标拖动文件或文件夹从原位置到目标位置，可以完成复制操作。

6. 重命名文件或文件夹

第1步：选中需要重命名的文件或文件夹。

第2步：单击"文件"菜单→"重命名"命令。

第3步：输入新文件名，回车即可。

> **注意**
>
> 选中需要重命名的对象，按"F2"功能键，也可进行重命名操作。

7. 删除和恢复文件或文件夹

（1）删除文件或文件夹

第1步：选中需要删除的文件或文件夹。

第2步：单击"文件"菜单→"删除"命令，或者单击键盘中的Delete按键，弹出确定"删除"文件对话框，如图2-3-3所示。

图2-3-3

第3步：在弹出的对话框中单击"是"按钮，完成删除操作。

（2）恢复文件或文件夹

当从硬盘中删除文件或文件夹时，Windows 7会将其放入"回收站"中，对"回收站"可以进行清空或还原操作。

双击桌面上的"回收站"图标，打开"回收站"对话框，如图2-3-4所示。

图2-3-4

• 单击"回收站"窗格中的"清空回收站"命令，删除"回收站"中所有的文件和文件夹；

• 单击"回收站"窗格中的"还原所有项目"命令，还原所有的文件和文件夹到原来的位置；若要还原指定的文件或文件夹，可先选定后再单击"回收站任务"窗格中的"还原此项目"命令。

8. 设置文件或文件夹的属性

拥有不同属性的文件或文件夹可以执行的操作也不相同。通常在Windows 7中可以设置文件或文件夹的"只读"与"隐藏"属性。若设置为"只读"属性，则用户只能查看文件或文件夹的内容，而不能对其进行任何修改操作；若设置为"隐藏"属性，则默认情况下，窗口不再显示该文件或文件夹。

第1步：选定想要查看属性的文件或文件夹，单击"文件"菜单→"属性"命令，或单击鼠标右键，在弹出的快捷菜单中选择"属性"命令，打开"属性"对话框，如图2-3-5所示。

第2步：选择"常规"选项卡，在"属性"选项组中选定需要的属性复选框，单击"应用"或"确定"按钮即可应用该属性。

图 2-3-5

3.3 文件和文件夹的查找

1. 使用"开始"菜单搜索

第1步：单击"开始"按钮或Win键，打开"开始"菜单。

第2步：在"搜索程序和文件"搜索框中输入要搜索的内容，如输入"txt"，即可显示搜索结果，如图2-3-6所示。

2. 使用"资源管理器"搜索框搜索

使用"资源管理器"窗口顶部右侧的"搜索计算机"搜索框，可以在整个计算机或某个磁盘或文件夹中搜索文件或文件夹。

第1步：双击桌面"计算机"图标，打开"资源管理器"窗口。

第2步：在"搜索计算机"搜索框中，输入"成绩统计表"，即可自动开始搜索并显示计算机中包含"成绩统计表"的文件和文件夹，如图2-3-7所示。

图 2-3-6

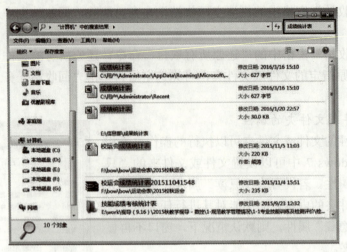

图 2-3-7

任务4 控制面板

控制面板包含了一系列工具程序，这些工具按照功能分为若干类，可以通过"开始"菜单访问。它允许用户查看并操作基本的系统设置，比如卸载系统中不需要的程序、设置用户账户、更改辅助功能选项等。

4.1 卸载系统中不需要的程序

对于一些没有自带卸载组件的软件，可以使用控制面板里的"添加或删除程序"功能卸载。

第1步：单击"开始"按钮，在弹出的"开始"菜单中选择"控制面板"命令，然后在弹出的"控制面板"窗口中，选择"卸载程序"选项，如图2-4-1所示。

第2步：弹出"卸载或更改程序"窗口，选择要卸载的程序，然后单击"卸载/更改"按钮，如图2-4-2所示。

第3步：弹出该程序卸载对话框，单击"是"按钮。

图 2-4-1

第4步：卸载完成后，单击"确定"按钮即可。

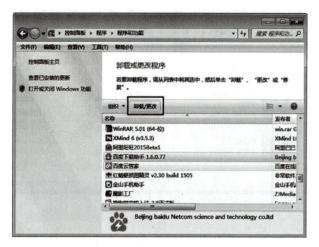

图 2-4-2

4.2 账户设置

1．添加和删除账户

第1步：单击"开始"按钮，在弹出的"开始"菜单中选择"控制面板"命令，在弹出的"控制面板"窗口中，选择"用户账户和家庭安全"功能区→"添加或删除用户账户"选项，如图2-4-3所示。

图 2-4-3

第2步：弹出"选择希望更改的账户"窗口，选择"创建一个新账户"选项。

第3步：弹出"创建新账户"窗口，输入账户名"同学甲"，将账户类型设置为"标准用户"，单击"创建账户"按钮，如图2-4-4所示。

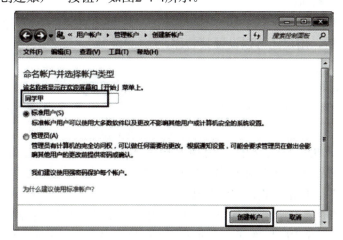

图 2-4-4

第4步：返回"管理账户"窗口，可以看到新建的账户，如图2-4-5所示。如果想删除这个账户，可以单击账户名称。

图 2-4-5

第5步：弹出"更改 同学甲 的账户"窗口，选择"删除账户"选项。

第6步：弹出"是否保留 同学甲 的文件"窗口。系统为每个账户设置了不同的文件，包括桌面、文档、音乐、收藏夹、视频文件等。如果用户想保留账户的这些文件，可以单击"保留文件"按钮，否则单击"删除文件"按钮，如图2-4-6所示。

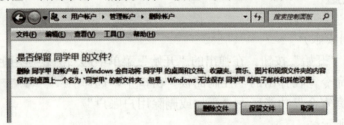

图 2-4-6

第7步：弹出"确认删除"窗口，单击"删除用户"按钮即可。返回"管理账户"窗口，选择的账户已被删除。

2．设置账户属性

添加用户账户后，用户还可以设置其名称、密码和图片等属性。

第1步：根据前面介绍的方法进入"更改 同学甲 的账户"窗口，选择"更改账户名称"选项，如图2-4-7所示。

图 2-4-7

第2步：单击"更改账户名称"选项，进入"为 同学甲 的账户键入一个新账户名"窗口，输入新名称"同学乙"，单击"更改名称"按钮。

第3步：弹出"更改 同学乙 的账户"窗口，用户可以更改账户的密码、图片等属性。

第4步：单击"创建密码"选项，在弹出的"创建密码"窗口中输入登录密码。

第5步：返回"更改账户"窗口，选择"更改图片"选项，弹出"选择图片"窗口，系统提供了很多图片供用户选择，选择喜欢的图片后，单击"更改图片"按钮，即可更改图片。

第6步：还可以通过选择"浏览更多图片"选项，将计算机本地图片设置成账户图片。

项目三 文字处理软件Word 2010

Word 2010是Office 2010系列的一个应用程序，它主要的功能是文字处理。我们常见的各种报刊、图书等，几乎都是使用计算机录入并编排的，Word是应用最为广泛的文字处理软件。Word具有强大的编辑排版和图文混排功能，而且操作简单，尤其是对于复杂文档和长文档的处理会变得更加轻松和规范。

任务1 制作面试通知

1.1 文档的创建与保存

1. 新建文档

启动Word 2010应用程序以后，系统会自动新建一个名为"文档1"的空白文档。除此之外，还可以通过下面方法进行创建。

方法1：单击"文件"选项卡→"新建"命令，选择"空白文档"选项，最后单击右下角"创建"命令。

方法2：在Word环境下，按下Ctrl+N快捷键，可直接创建一个空白文档。

方法3：单击"自定义快速访问工具栏"中的"新建"命令按钮 ▢ ，如图3-1-1所示。

图3-1-1

方法4：在桌面上任意空白处单击鼠标右键，在弹出的快捷菜单中单击"新建"→"Microsoft Word文档"命令，可在桌面上创建一个新的Word文档，双击该文档，可直接进入空白文档的操作界面。

2. 保存文档

为了避免由于停电等事故而丢失正在编辑的内容，要注意及时保存文档。

（1）保存新建文档

第1步：单击"文件"选项卡→"保存"命令，或单击"快速访问工具栏"里的"保存"命令按钮。

第2步：弹出"另存为"对话框，设置好保存位置、文件名和保存类型，单击"保存"命令按钮保存文档，如图3-1-2所示。

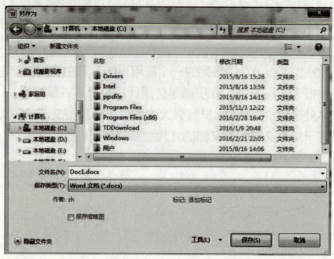

图 3-1-2

（2）保存已有文档

方法1：单击"文件"选项卡→"保存"命令。

方法2：单击"快速访问工具栏"里的"保存"命令按钮 。

方法3：按下Ctrl+S快捷键。

（3）将文档另存为

对已有文档进行了各种编辑后，如果希望不改变原文档的内容，可将修改后的文档另存为一个文档。

另存文档的操作方法与保存新建文档的操作相似。另存文档时要注意，一定要设置与原文档不同的保存位置或名称，否则原文档会被另存的文档所覆盖。

（4）设置自动保存

为防止在编辑文档的过程中，出现断电、死机等情况而造成信息丢失，需要设置自动保存。

第1步：单击"文件"选项卡→"选项"命令。

第2步：弹出"Word选项"对话框，选中"保存"选项卡→"保存自动恢复信息时间间隔"复选框，并将时间间隔值设为"10分钟"，单击"确定"按钮，如图3-1-3所示。

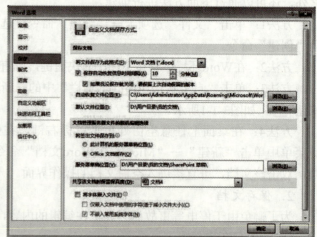

图 3-1-3

1.2 文档的基本操作

1．文本的录入

定位好光标插入点后，就可以输入文本内容了。当一行的文本输入完后，插入点就会自动转到下一行。若要开始新的段落，可按下Enter键进行换行，同时上一段的段末会出现段落标记"↵"。

2．文本的选定

在对一段文字进行修改之前，首先要选定这些文字。"选定"操作是为其他操作做准备的一个重要操作。

第1步：将光标插入点放置在需要选定文本的开始位置。

第2步：按住鼠标左键拖动到本段结尾，即可选定第二段文本。

被选定的内容用反色显示。单击编辑区中的任意位置，选定就被取消了，文字恢复正常显示。

如要进行其他文字的选定，请参看表3-1-1。

表 3-1-1

选取范围	操作方法
选取一个字符	鼠标双击要选择的字符，或将鼠标指针移到字符前，单击并拖曳一个字符的位置
选取多个字符	把鼠标指针移到要选取的第一个字符前，按住按钮，拖曳到选取字符的末尾，松开按钮
选取一行或多行字符	在行左边（文本选定区）单击鼠标按钮，选取一行；在行左边选取一行后，继续按住按钮并向上或向下拖曳便可选取多行
选取一个段落	双击选取段落左边的选定区，或三击段落中的任何位置
选取矩形文本区	按住Alt键，同时拖曳鼠标
选取全部文档	三击文本选取区，或单击"编辑"菜单中的"全选"命令
选取多页文本	先在文本的开始处单击鼠标，然后按Shift键，并单击所选文本的结尾处

3．文本的复制

在写文章时，如出现大段重复的内容，可用复制方法节省时间。

第1步：在文档中选中需要复制的内容。

第2步：单击"开始"选项卡→"剪切板"组→"复制"命令，如图3-1-4所示，将选中内容复制到剪贴板中。

第3步：将插入点移定位到要复制的目标位置，单击"剪切板"组→"粘贴"命令，如图3-1-5所示，此时即可以看到要复制的内容已经粘贴到光标当前所在位置上了。

图 3-1-4

图 3-1-5

4．文本的移动

在写文章时，当发现文字的安排不合适，移动操作能帮助调整文字的顺序。

第1步：在文档中选中需要移动的文本。

第2步：单击"开始"选项卡→"剪切板"组→"剪切"命令，将选中内容复制到剪贴板中。

第3步：将插入点定位到要移动的目标位置，单击"剪切板"组→"粘贴"命令，此时即可以看到原位置中的文本内容被移动到该处了。

> **注意**
>
> 文档的操作和文件（夹）的操作一样，"复制""剪切""粘贴"对应的快捷键分别为"Ctrl+C""Ctrl+X""Ctrl+V"。

5．文本的删除

删除一段文本时，先选中要删除的内容，然后按Delete键即可。

6．撤销和恢复

使用撤销功能可以撤销以前的一步或多步操作，我们可以通过单击"快速访问工具栏"中的"撤销"按钮，撤销上一步操作，连续使用可进行多次撤销。

> **注意**
>
> 文档的操作和文件（夹）的操作一样，"撤销""恢复"对应的快捷键分别为"Ctrl+Z""Ctrl+Y"。

撤销某一操作后，可通过恢复功能取消之前的撤销操作。通过单击"快速访问工具栏"中的"恢复"按钮，恢复被撤销的上一步操作，连续使用可进行多步恢复。

7．查找

查找是用来在文档中查找指定的文本内容。

第1步：将插入点光标移到文档开头。

第2步：单击"开始"选项卡→"编辑"组→"查找"命令，弹出"导航"窗格，在导航窗格里输入需要查找的文本，按下回车键，随即在导航窗格里查找到了该文本所在的位置，同时文本在Word文档中呈反色显示，如图3-1-6所示。

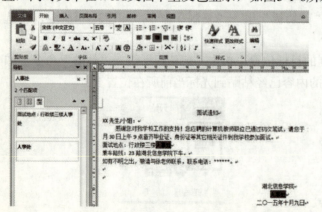

> **注意**
>
> "查找"的快捷键为"Ctrl+F"。

图 3-1-6

8. 替换

当发现文档中某个字或词错了，可通过替换功能来进行快速替换。

第1步：将插入点光标移到文档开头。

第2步：单击"开始"选项卡→"编辑"组→"替换"命令，弹出"查找和替换"对话框，并自动定位在"替换"选项卡，在"查找内容"文本框中输入查找内容，在"替换"文本框中输入替换后的内容，单击"全部替换"命令按钮，如图3-1-7所示。

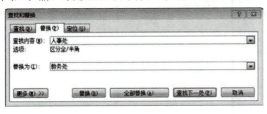

图 3-1-7

> 注意
>
> "替换"快捷键为"Ctrl+H"。

第3步：Word将自动进行替换操作，替换完成后，在弹出的提示框中单击"确定"命令按钮。

如果需要查找有选定格式的文本，如标题、改变了字体的文本等，可以单击"查找和替换"对话框中的 更多(M)>> 命令按钮，对话框中出现更多选项。单击 格式(O)▼ 命令按钮，弹出一个格式选项菜单，如图3-1-8所示。在格式选项菜单中单击某一选项，将弹出相关的对话框，在对话框中可以设置要查找的格式。

如果要查找特殊字符和不可打印的字符，可单击 特殊格式(E)▼ 命令按钮，弹出特殊字符选项菜单。在特殊字符选项菜单中单击所要查找的特殊字符类型，该字符类型会自动填入"查找内容"框中。单击 <<更少(L) 命令按钮，对话框又恢复原样显示。

图 3-1-8

1.3 文档的打印

1. 打印预览

将文档制作好后，就可以进行打印了，不过在这之前还需要进行打印预览。打印预览是指在屏幕上预览打印后的效果，如果对文档效果不满意，可单击"开始"选项卡，返回编辑状态下对其进行修改。

第1步：单击"文件"→"打印"命令，在右侧窗格中即可预览打印效果，如图3-1-9所示。

对文档进行预览时，可通过右侧窗格下端的相关按钮查看预览内容。例如，在右侧窗格左下角，单击"上一页"、"下一页"按钮可查看前一页和下一页的预览效果；在右侧窗格右下角，通过显示比例调节工具可调整预览效果的显示比例，以便能清楚地查看文档的打印预览效果。

第2步：如果对预览结果感到满意，单击"打印"按钮命令 🖨，把文档打印出来。

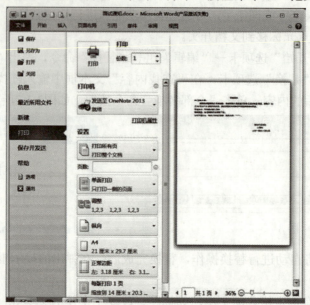

图 3-1-9

2. 设置打印范围和份数

如果需要，可以在打印前设置打印范围和份数。

在"打印"对话框的"设置"栏中可以设置打印范围，默认设置是"打印所有"；选中"打印当前页"，则只打印插入点光标所在的当前页；选中"打印自定义范围"，可以在其下边的文本框中指定要打印的页码，如果输入"1，3-5"，则打印第1、3、4、5页。

在"份数"栏的"份数"框中可以设置打印份数。

单击"打印机"栏中的下拉框，可以选定打印机。

设置结束后，单击"确定"按钮，打印机就会按要求打印出文档。

1.4 保护文档

为了防止他人打开文档，可以给这个文档加上密码保护。以后再打开文档时，系统会提示用户输入密码。如果密码不正确，就不能打开文档。

第1步：单击"文件"选项卡→"信息"选项→"保护文档"命令→"用密码进行加密"子命令，如图3-1-10所示。

第2步：在弹出对话框中，输入密码"123"，它是打开文档所需的密码。

第3步：在弹出"确认密码"对话框中再次输入密码"123"。

图 3-1-10

第4步：再次启动该文档时弹出“密码”对话框，输入正确密码“123”，单击“确定”命令按钮，方能打开文档。

任/务/实/施

任务目标：学校已发布了教师招聘信息，并组织了应聘者笔试，接下来以邮件形式通知部分应聘者来我校面试。让我们来制作一份如图3-1-11所示的“面试通知”吧！

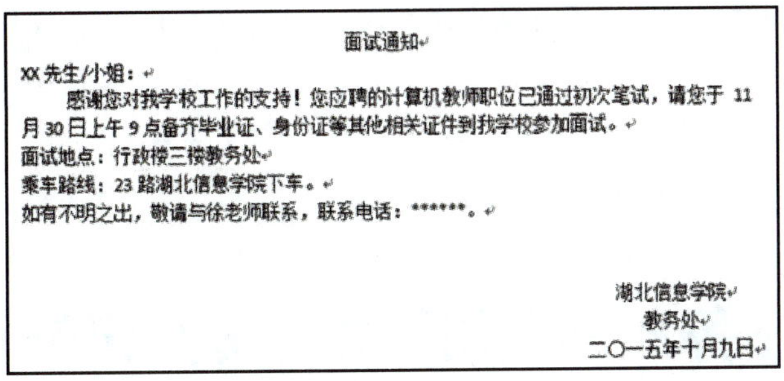
面试通知
xx 先生/小姐：
感谢您对我学校工作的支持！您应聘的计算机教师职位已通过初次笔试，请您于 11 月 30 日上午 9 点备齐毕业证、身份证等其他相关证件到我学校参加面试。
面试地点：行政楼三楼教务处
乘车路线：23 路湖北信息学院下车。
如有不明之出，敬请与徐老师联系，联系电话：******。

湖北信息学院
教务处
二〇一五年十月九日

图 3-1-11

1）启动Word 2010，依次输入以下内容（注意段落标记的输入）：

面试通知

XX先生/小姐：

感谢您对我学校工作的支持！您应聘的计算机教师职位已通过初次笔试，请您于11月30日上午9点备齐毕业证、身份证等其他相关证件到我学校参加面试。

乘车路线：58路或23路湖北信息学院下车。

面试地点：行政楼三楼人事处

如有不明之出，敬请与徐老师联系，联系电话：******。

湖北信息学院

人事处

二〇一五年十月九日

2）正确插入光标，输入空格，使通知的“标题”“正文”和“落款”移到如图3-1-11所示的合适的位置，如标题在正中，正文开头空两格，落款在右下角。

3）选中第5行的“58路或”文本，单击“Delete”键，将其删除。

4）选中“乘车路线：23路湖北信息学院下车。”文本，按下“Ctrl+X”快捷键将该内容剪切。

5）光标插入“面试地点：行政楼三楼人事处”前，按下“Ctrl+V”快捷键将该内容复制。使“乘车路线”由“面试地点”前移动到“面试地点”后，如图3-1-12所示。

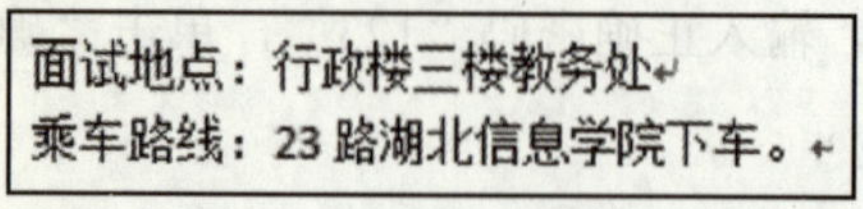

面试地点：行政楼三楼教务处
乘车路线：23路湖北信息学院下车。

图3-1-12

6）将插入点光标移到文档开头。
7）在"开始"选项卡中，单击"编辑"组中的"替换"按钮，或按下"Ctrl+H"快捷键，弹出"查找和替换"对话框，在"查找内容"文本框中输入"人事处"，在"替换"文本框中输入"教务处"，单击"全部替换"按钮，一次性将文档中所有"人事处"改为"教务处"。

8）按下"Ctrl+S"快捷键，弹出"另存为"对话框，设置好保存位置为"E:/学生作业"，文件名为"面试通知"，保存类型为"Word文档（*.doc）"文件，单击"保存"按钮保存文档，完成制作。

任务2　制作来访人员登记制度

知识准备

2.1 设置字体格式

1. 设置字体、字号和字体颜色

在Word文档中输入文本后，默认显示的字体为"宋体（中文正文）"，字号为"五号"，字体颜色为黑色。根据操作需要，可通过"开始"选项卡的"字体"组对这些格式进行更改，"字体"命令组中各命令按钮的功能如图3-2-1所示，具体操作方法如下：

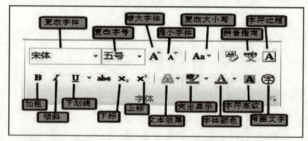

图3-2-1

（1）设置字体

打开文档，选中要更改字体的文本，单击"开始"选项卡→"字体"组→单击"字体"命令，在打开的下拉列表中选择需要的字体。

（2）设置字号

单击"开始"选项卡→"字体"组→"字号"命令，在弹出的下拉列表中选择需要的字号。

（3）设置字体颜色

单击"开始"选项卡→"字体"组→"字体颜色"命令，在弹出的下拉列表中选择需要的字符颜色即可。

2．设置加粗、倾斜及下划线的效果

在设置文本格式的过程中，有时还可对某些文本设置加粗、倾斜效果，以达到醒目的作用。

（1）设置加粗

选中要设置加粗效果的文本，单击"开始"选项卡→"字体"组→"加粗"命令。

（2）设置倾斜效果

选中要设置倾斜效果的文本，单击"开始"选项卡→"字体"组→"倾斜"命令。

（3）设置下划线

选中要添加下划线的文本，单击"开始"选项卡→"字体"组→"下划线"命令。

> **注意**
> - "加粗"快捷键为"Ctrl+B"，"倾斜"效果快捷键为"Ctrl+I"。
> - 单击下划线右侧下拉按钮能选择多种线型，也可以展开"下划线颜色"子菜单，设置下划线的颜色。

3．设置上标、下标、边框及底纹的效果

在编辑文档过程中，如果想输入如图3-2-2所示的文字效果，就涉及设置上标、下标、边框及底纹的方法，方法如下：

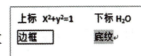

图3-2-2

（1）设置上标

选中要设置为上标的文字，单击"开始"选项卡→"字体"组→"上标"命令 X^2。

（2）设置下标

选中要设置为下标的文字，单击"开始"选项卡→"字体"组→"下标"命令 X_2。

（3）设置边框文本

选中要设置加边框的文本，单击"开始"选项卡→"字体"组→"边框"命令 A 。

（4）设置底纹

选中要设置加底纹的文本，单击"开始"选项卡→"字体"组→"底纹"命令 ■。

> **注意**
> 选中文本后按下"Ctrl+Shift+="组合键可设置为上标，按"Ctrl+ ="组合键可以设置为下标。

4．设置拼音及带圈效果

在编辑文档时有时根据内容的需要要为文字加上拼音和带圈的效果，设置方法如下：

（1）加拼音文字效果

选中文本，单击"开始"选项卡→"字体"组→"拼音指南"命令。

（2）设置带圈文字效果

选中文本，单击"开始"选项卡→"字体"组→"带圈文字"命令。

5．设置字符间距

为了让文档的版面更加协调，有时还需要设置字符间距。字符间距是指各字符间的距离，通过调整字符间距可使文字排列得更紧凑或更疏散，设置字符间距方法如下：

第1步：选中要设置字符间距的文本，单击"开始"选项卡→"字体"组→"字体"对话框启动按钮 。

第2步：如图3-2-3所示，选择"字体"对话框→"高级"选项卡，在"间距"下拉列表中选择间距类型，在右侧"磅值"微调框设置间距大小，单击"确定"按钮。

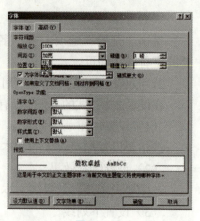

图 3-2-3

2.2 设置段落

一个段落就是文字、图形、对象（例如，公式和图形），或保留其他项目等的集合，文本段落即输入文本时以回车键结束的一段文本，最后是一个段落标记↵（回车键）。

"段落"格式命令组如图3-2-4所示，主要包括段落缩进、对齐、行间距、段间距、项目符号和编号、段落边框和底纹等。

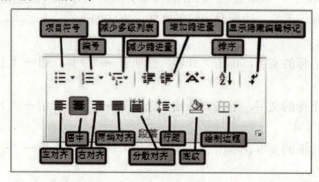

图 3-2-4

1．设置段落对齐方式

格式工具栏上有4个对齐方式按钮，它们分别是：两端对齐▆、居中对齐▆、右对齐▆、分散对齐▆。将插入点光标定位在某个段落中或选定多个段落后，单击对齐方式按钮，可以设置该段落或选定段落中文字的对齐方式。Word默认的段落对齐方式是两端对齐。

2．设置段落缩进

段落缩进是指段落两端与页边的距离。设置段落缩进可以将一个段落与其他段落分开，使文档条理清晰，层次分明。

段落缩进包括4种类型，分别是"左缩进""右缩进""首行缩进"和"悬挂缩进"。它们的作用如下：

① 左缩进：段落中所有的行左缩进。
② 右缩进：段落中所有的行右缩进。
③ 首行缩进：段落首行的第一个字符缩进，以表明此段落与前面的段落有别。
④ 悬挂缩进：整个段落除了首行以外的所有行的左边界右缩进。

要对文本进行缩进操作，可以在标尺上拖动缩进标记实现。标尺上的缩进标记如图3-2-5所示。

图 3-2-5

① 拖动左缩进标记，可以控制整个段落左边界的位置。
② 拖动悬挂缩进标记，可以改变整个段落除了第一行以外的所有行的起始位置。
③ 拖动首行进标记，可以改变段落中第一行第一个字符的起始位置。
④ 拖动右缩进标记，可以控制整个段落右边界的位置。

段落的缩进也可以在"段落"对话框中实现，如图3-2-6所示，下面以设置"首行缩进：2字符"格式为例，方法如下：

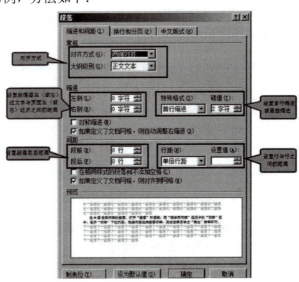

图 3-2-6

第1步：选中需要设置缩进的段落，单击"开始"选项卡→"段落"组→"段落"对话框，启动命令按钮，如图3-2-7所示。

第2步：选择"段落"对话框→"特殊格式"栏→"首行缩进"选项，在右侧的"磅值"微调框设置缩进量，然后单击"确定"按钮。

图 3-2-7

3．设置行间距

文章中行与行之间的距离称为行间距，简称行距。Word默认的行距是单倍行距。行距设置方法如下：

选中要设置行距的段落，打开"段落"对话框，在"缩进和间距"选项卡的"间距"栏中，展开"行距"下拉列表。根据需要选择段落行距，完成设置后单击"确定"按钮即可。

4．设置段落间距

段与段之间的距离称为段间距。除了敲回车添加空白行外，还可以通过"段落"对话框调整段与段之间的距离，方法如下：

选中要设置间距的段落，打开"段落"对话框，在"缩进和间距"选项卡的"间距"栏中，通过"段前"微调框设置段前距离，通过"段后"微调框设置段后距离，完成设置后单击"确定"按钮即可。

2.3 设置项目符号和编号

在制作规章制度、管理条例等方面的文档时，可通过项目符号或编号来组织内容，从而使文档层次分明、条理清晰。

1．添加项目符号

光标定位在需要添加项目符号的段落中，单击"开始"选项卡→"段落"组→"项目符号"命令，在打开的列表中选择相应的项目符号。

> **注意**
>
> 在含有项目符号的段落中，按下"Enter"键换到下一段时，会在下一段自动添加相同样式的项目符号，此时若直接按下"Backspace"键或再次按下"Enter"键，可取消自动添加项目符号。

2．添加项目编号

将光标定位在需要添加项目编号的段落中，单击"开始"选项卡→"段落"组→"项目编号"命令，在打开的列表中选择相应的项目编号。

默认情况下，在以"一""1.""或"A."等编号开始的段落中，按下"Enter"键换到下一段时，下一段会自动产生连续的编号。若要对已经输入好的段落添加编号，可通过"段落"组中的"编号"按钮实现。

2.4 设置边框和底纹

通过在Word 2010文档中插入段落边框和底纹，可以使相关段落的内容更加醒目，从而增强Word文档的可读性。

1. 添加边框

在默认情况下，段落边框的格式为黑色单直线。用户可以通过设置段落边框的格式，使其更加美观，方法如下：

选中要添加边框的文本，单击"开始"选项卡→"段落"组，在"边框"命令 右侧的下拉列表中选择"外侧框线"，如图3-2-8所示。

图 3-2-8

2. 添加底纹

第1步：选中要添加底纹的文档，单击"页面布局"选项卡→"页面背景"组→"页面边框"命令，如图3-2-9所示。

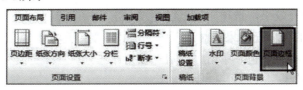

图 3-2-9

第2步：在弹出的"边框和底纹"对话框的"底纹"选项卡的"填充"下拉列表中选择相应的颜色效果，如图3-2-10所示。

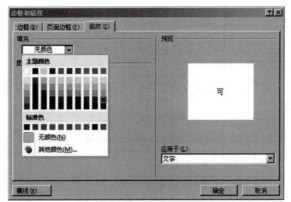

图 3-2-10

2.5 设置页面背景

为了使Word文档看起来更加美观，用户可以添加各种漂亮的页面背景，包括水印、页面颜色以及其他填充效果。

1. 添加水印

Word文档中的水印是指作为文档背景图案的文字或图像。Word 2010提供了多种水印模板和自定义水印功能。为Word文档添加水印的方法如下：

第1步：单击选择"页面布局"选项卡→"页面背景"组→"水印"命令；

第2步：在弹出的下拉列表中选择"自定义水印"选项；

第3步：在弹出的"水印"对话框中选择"文字水印"，在"文字"列表中选择相应内容，单击"确定"。

2. 设置页面颜色

页面颜色是指显示在Word文档最底层的颜色或图案，用于丰富Word文档的页面显示效果。设置页面颜色的方法如下：

（1）单色填充

单击"页面布局"选项卡→"页面背景"组→"页面颜色"命令，在下拉列表中选择相应颜色。

（2）添加渐变效果

第1步：单击"页面布局"选项卡→"页面背景"组→"页面颜色"按钮，在弹出的下拉列表中选择"填充效果"选项。

第2步：在弹出的"填充效果"对话框中单击"渐变"选项卡，在"颜色"组合框中选择"双色"选项设置相应颜色，单击"确定"按钮。

（3）添加纹理效果

第1步：单击"页面布局"选项卡→"页面背景"组→"页面颜色"按钮，在弹出的下拉列表中选择"填充效果"选项。

第2步：在"填充效果"对话框中单击"纹理"选项卡，在"纹理"列表中选择相应纹理选项，单击"确定"按钮。

（4）添加图案效果

第1步：单击"页面布局"选项卡→"页面背景"组→"页面颜色"按钮，在弹出的下拉列表中选择"填充效果"选项。

第2步：在"填充效果"对话框中单击"图案"选项卡，在"背景"列表中选择合适颜色，单击"确定"按钮。

> **注意**
>
> 在"页面背景"组中，若单击"页面边框"命令，可在弹出的"边框和底纹"对话框的"页面边框"选项卡中对当前文档设置页面边框。

2.6 绘制图形

通过Word 2010提供的绘制图形功能，可在文档中"画"出各种样式的形状，如线条、矩形、心形和旗帜等。在文档中插入自选图形，方法如下：

第1步：单击"插入"选项卡→"插图"组→"形状"命令，在打开的下拉菜单中选择需要的绘图工具。

第2步：拖动鼠标绘制图形。

> **注意**
>
> 在绘制图形的过程中，若配合使用"Shift"键可绘制出特殊图形。如绘制"矩形"时，同时按住"Shift"键不放，可绘制出一个正方形；绘制"椭圆"时，同时按住"Shift"键不放，可绘制出一个正圆。

2.7 使用艺术字

艺术字是具有特殊效果的文字，用来输入和编辑带有彩色、阴影和发光等效果的文字，多用于广告宣传、文档标题，以达到强烈、醒目的外观效果。插入艺术字的方法如下：

第1步：单击"插入"选项卡→"文本"组→"艺术字"命令，在弹出的下拉列表中选择艺术字样式，如图3-2-11所示。

图 3-2-11

第2步：选中文档中出现的艺术字文本框，删除占位符"请在此放置您的文字"内容。

第3步：输入新的艺术字内容。

2.8 插入图片

1. 插入剪贴画

剪贴画是Word 2010提供的存放在剪辑库中的图片，这些图片不仅内容丰富实用，而且涵盖了用户日常工作的各个领域。在文档中插入剪贴画的方法如下：

第1步：将光标插入点定位在需要插入剪贴画的位置，单击"插入"选项卡→"插图"组→"剪贴画"命令。

第2步：弹出"剪贴画"任务栏，在"搜索文字"项输入关键字，单击"搜索"命令，如图3-2-12所示。

第3步：单击需要的剪贴画。

第4步：返回Word文档，根据需要调整剪贴画大小和位置。

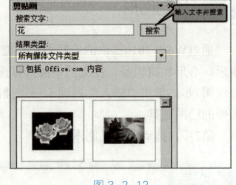

图 3-2-12

2．插入收藏的图片

根据操作需要，还可在文档中插入计算机中收藏的图片，以配合文档内容或美化文档。插入图片的方法如下：

第1步：光标插入点定位在需要插入图片的位置，单击"插入"选项卡→"插图"组→"图片"命令。

第2步：弹出"插入图片"对话框，找到并选择需要插入的图片，单击"插入"按钮。

2.9 审阅文档

在日常工作中，某些文件需要领导审阅或者经过大家讨论后才能够执行，所以就需要在这些文件上进行一些批示、修改。Word 2010提供了批注、修订、更改等审阅工具，大大提高了办公效率。

1．添加批注

为了帮助阅读者更好地理解文档内容以及跟踪文档的修改状况，可以为Word文档添加批注。

（1）添加批注

选中要插入批注的文本，单击"审阅"选项卡→"批注"组→"新建批注"命令。

（2）删除批注

可先选中批注框，单击右键，在弹出的快捷菜单中选择"删除批注"命令。

2．修订文档

Word 2010提供了文档的修订功能，在打开修订功能的情况下，将会自动跟踪对文档的所有更改，包括插入、删除和格式更改，并对更改的内容做出标记。

（1）更改用户名

单击"审阅"选项卡→"修订"组→"修订"命令下方的三角按钮，在弹出的下拉列表中选择"更改用户名"选项。

（2）修订文档

单击"审阅"选项卡→"修订"组→"修订"命令。

（3）更改文档

文档的修订工作完成以后，用户可以跟踪修订内容，并执行接受或拒绝。更改文档的方法如下：

第1步：选择"审阅"选项卡→"更改"组，单击"接收"按钮下方的三角按钮，在弹出的下拉列表中选择"接受对文档的所有修订"选项，如图3-2-13所示。

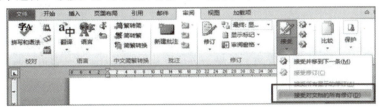

图 3-2-13

第2步：单击"修订"按钮可退出修订。

任/务/实/施

任务目标：一般需要信息严格保密的企业或者事业单位都会使用来访者登记表。与来访者登记表对应的则是来访者登记制度，通过来访者登记制度的引导以及说明，可以让来访者更好地对登记表进行填写。让我们用所学知识来做一份如图3-2-14所示的"来访人员登记制度"吧。

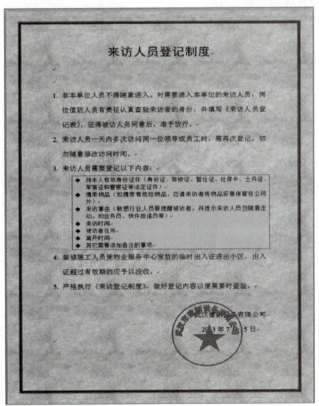

图 3-2-14

（1）新建一个Word文档，打开"来访者登记制度.txt"文档

参照文档内容输入来访者登记制度，并设置"字号"为"四号"。

（2）为文档添加页面背景

第1步：单击"页面布局"选项卡→"页面背景"组→"页面颜色"命令，在弹出的下拉列表中选择"填充效果"选项。

第2步：在弹出的对话框中单击"纹理"选项卡，设置如图3-2-15所示背景。

（3）设置页面边框

第1步：单击"页面布局"选项卡→"页面背景"组→"页面边框"命令。

第2步：在打开的对话框中单击"页面边框"选项卡，设置如图3-2-16所示边框线。

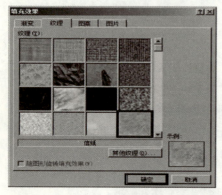

图 3-2-15

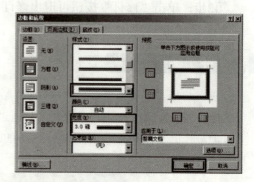

图 3-2-16

（4）选中"标题"，设置标题文字为"黑体"、"小一"号字

（5）设置字符边框底纹

第1步：选中第3条、第4条中间的来访人员需要登记的内容。

第2步：单击"页面布局"选项卡→"页面背景"组→"页面边框"命令。

第3步：在打开的对话框中单击"边框"选项卡，设置如图3-2-17所示边框线。

第4步：在打开的对话框中单击"底纹"选项卡，设置如图3-2-18所示底纹。

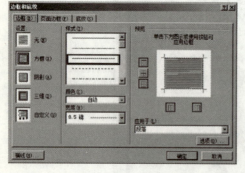

图 3-2-17

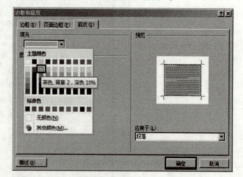

图 3-2-18

第5步：单击"开始"选项卡→"段落"组→"项目符号"命令，在弹出的下拉列表中选择第4个选项，如图3-2-19所示。

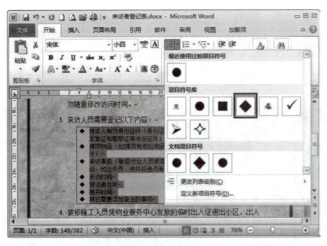

图 3-2-19

（6）设置项目编号

第1步：选中第1条内容，单击"开始"选项卡→"段落"组→"编号"命令。

第2步：使用相同的方法为第2～5条设置编号，如图3-2-20所示。

图 3-2-20

（7）绘制圆形

第1步：单击"插入"选项卡→"插图"组→"形状"命令，在弹出的下拉列表中选择"椭圆"命令。按住"Shift"键的同时在文档下方的"武汉建新设备有限公司"文本上拖动绘制圆形。

第2步：选中圆形，单击"绘图工具/格式"选项卡→"形状样式"组→"形状填充"命令，在弹出的下拉列表中选择"无填充颜色"命令，如图3-2-21所示。

第3步：选中圆形，单击"绘图工具/格式"选项卡→"形状样式"组→"形状轮廓"命令，在弹出的下拉列

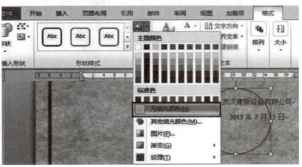

图 3-2-21

表中选择标准色"红色"→"粗细"→"3磅"命令,如图3-2-22所示。

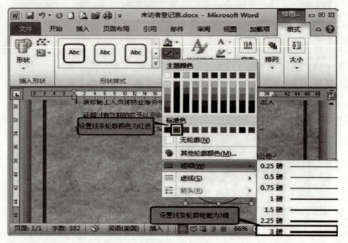

图 3-2-22

(8)插入艺术字

第1步:单击"插入"选项卡→"文本"组→"艺术字"命令。在弹出的下拉列表中单击第2个选项,如图3-2-23所示。在"请再次输入您的文本"框中输入"武汉建新设备有限公司"。

图 3-2-23

第2步:选中艺术字,单击"绘图工具/格式"选项卡→"艺术字样式"组→"文本填充"命令,在弹出的下拉列表中单击"红色"选项。

第3步:单击"绘图工具/格式"选项卡→"艺术字样式"组→"文字效果"命令,在弹出的下拉列表中单击"阴影"→"无阴影"命令,如图3-2-24所示。

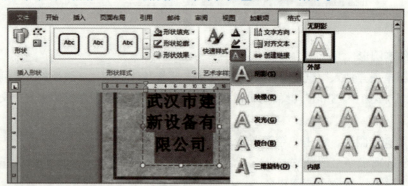

图 3-2-24

第4步:单击"绘图工具/格式"选项卡→"艺术字样式"组→"文字效果"命令,在弹出的下拉列表中单击"转换"→"上弯弧"命令。调整艺术字左边的控制点,将其向左拖动使艺术字弯曲,如图3-2-25所示,最后将其移动到绘制的圆圈中。

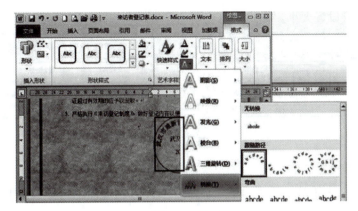

图 3-2-25

（9）绘制五角星

第1步：单击"插入"选项卡→"插图"组→"形状"命令。在弹出的下拉列表中选择"星与旗帜"→"五角星"命令。使用鼠标拖动在圆圈中绘制五角星。

第2步：选中"五角星"，单击"绘图工具/格式"选项卡→"形状样式"组→"形状填充"命令，在弹出的下拉列表中选择"红色"命令。

第3步：选中"五角星"，单击"绘图工具/格式"选项卡→"形状样式"组→"形状轮廓"命令，在弹出的下拉列表中单击"红色"。

（10）为页面添加水印

第1步：将鼠标光标定位在文档中任意位置，单击"页面设置"选项卡→"页面背景"组→"水印"命令，在弹出的下拉列表中选择"自定义水印"选项。

第2步：打开"水印"对话框，单击"文字水印"单选按钮，输入文字"建新设备"，如图3-2-26所示。

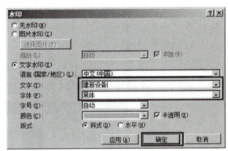

图 3-2-26

任务3 制作招聘简章

知识准备

3.1 设置形状效果

插入自选图形并将其选中后，功能区中将显示"绘图工具/格式"选项卡，通过该选项卡，可对自选图形设置大小、样式及填充颜色等格式，如图3-3-1所示。

图 3-3-1

1．设置内置样式

单击"绘图工具/格式"选项卡→"形状样式"组，在样式列表中选择相应样式，如图3-3-2所示。

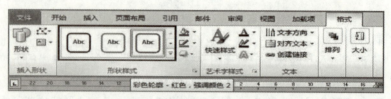

图 3-3-2

2．设置填充效果

选中插入的自选图形，单击"绘图工具/格式"选项卡→"形状样式"组→"形状填充"命令，在弹出的下拉列表中设置填充颜色。

3．设置边框

第1步：单击"绘图工具/格式"选项卡→"形状样式"组→"形状轮廓"命令。

第2步：在弹出的下拉列表中设置线型颜色、粗细及线型虚实效果，如图3-3-3所示。

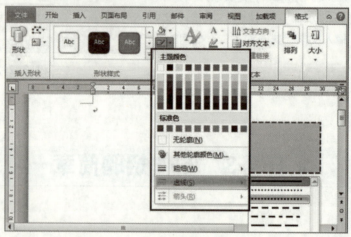

图 3-3-3

4．设置形状效果

单击"绘图工具格式"选项卡→"形状样式"组→"形状效果"命令，在打开的下拉列表中选择相应效果，如图3-3-4所示。

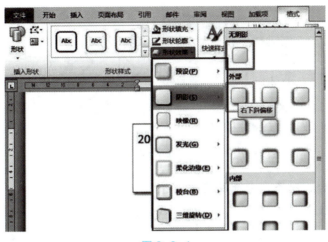

图 3-3-4

5．在自选图形中添加文字

右键单击已插入的自选图形，单击"添加文字"命令，输入文字内容。

6．改变图形大小

选中图形，在图形四周出现八个控制点，将鼠标指针移到某个控制点上拖动，可改变图形大小，如图3-3-5所示。

> **注意**
> 若按住Shift键拖动鼠标，可等比例放大或缩小图形。

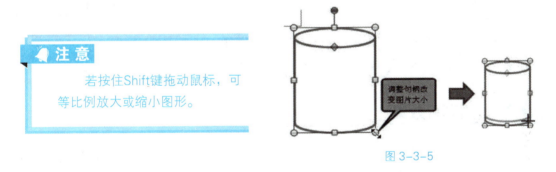

图 3-3-5

7．改变图形形状

选中图形，用鼠标拖动黄色菱形手柄，可改变图形形状，如图3-3-6所示。

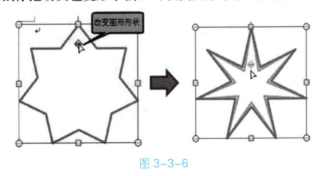

图 3-3-6

8．旋转图形

单击图形，用鼠标拖动绿色圆形手柄，可使图形旋转，如图3-3-7所示。

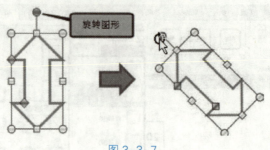

图 3-3-7

9. 图形的组合、对齐、分布及叠放次序

（1）图形的组合

组合：选中图片，单击"绘图工具/格式"选项卡→"排列"组→"组合"命令。

取消组合：选中图片，单击"绘图工具/格式"选项卡→"排列"组→"取消组合"命令。

（2）图形的对齐和分布

选中图片，单击"绘图工具/格式"选项卡→"排列"组→"对齐"命令，在弹出的下拉选项中设置对齐或分布方式，如图3-3-8所示。

（3）设置图形的叠放次序

选中要改变叠放次序的图形，单击"绘图工具/格式"选项卡→"排列"组→"上移一层"或"下移一层"命令。

图 3-3-8

3.2 设置图片效果

插入剪贴画和图片之后，功能区中将显示"图片工具/格式"选项卡，通过该选项卡，如图3-3-9所示，可对选中的剪贴画或图片调整颜色、设置图片样式和环绕方式等格式。

图 3-3-9

1."调整"命令组

为文档插入图片后，在"图片工具/格式"选项卡→"调整"组中，可以对插入的图片进行如更正高度与对比度、重新着色、添加艺术效果的编辑操作。该选项卡常用工具的作用如下。

（1）"更正"命令

该工具选项中包含了两种调整图像的方式，其中"锐化和软化"栏用于对不清楚的图片或是想要得到朦胧、柔和图像效果的图像进行编辑,"亮度和对比度"栏则是对过黑、过亮或过灰的图片进行编辑。

(2)"颜色"命令

该工具选项用于设置色调和颜色饱和度,通过该选项可将图像转换为软色调、冷色调以及某种单色效果。

(3)"艺术效果"命令

用于为插入的图像添加独特的艺术效果,在只做正式的文档时,该功能选项一般很少用在主体图片中,而是使用它对文档进行装饰,如设置背景图像或小图标等。

> **注意**
>
> 若想取消对图像的编辑效果,可先选择图像,单击"格式"选项卡→"调整"组→"重设图片"命令。

2. 图片样式设置

"图片样式"组,主要对图片的样式、形状、边框和效果进行设置,使得图片更加突出、美观、有个性。

(1)给图片添加内置样式

选中图片,单击"图片工具/格式"选项卡→"图片样式"组,在"图片内置样式列表"下拉选项中选择样式效果,如图3-3-10所示。

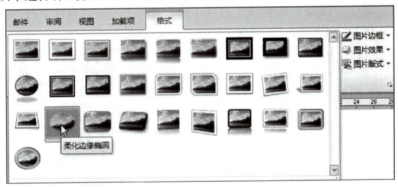

图 3-3-10

(2)设置图片边框

单击"图片工具/格式"选项卡→"图片样式"组→"图片边框"命令,在弹出的下拉列表中设置图片边框颜色及线形。

(3)设置图片特殊效果

Word 2010可以为图片设置一些特殊的效果,如阴影、发光、映像、三维旋转及柔化边缘等效果,方法如下:

选中图片,单击"图片工具/格式"选项卡→"图片样式"组→"图片效果"命令,在弹出的下拉列表中设置图片效果,如图3-3-11所示。

（4）设置图片格式对话框

单击"图片样式"组→"对话框启动器"，弹出"设置图片格式"对话框，如图3-3-12所示，在该对话框中可设置图片的各种效果。

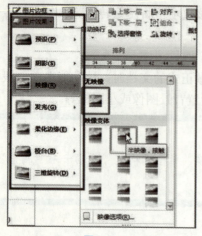

图 3-3-11

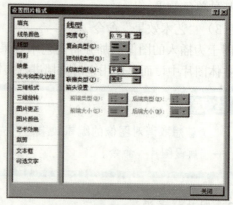

图 3-3-12

3．设置图片位置

（1）设置图片在页面中的位置

选中图片，单击"图片工具/格式"选项卡，"排列"组→"位置"命令，如图3-3-13所示。

（2）设置文字对图片的环绕方式

选中图片，单击"图片工具/格式"选项卡→"排列"组→"自动换行"命令，选择相应环绕关系，如图3-3-14所示。

图 3-3-13

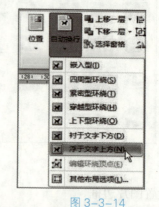

图 3-3-14

（3）设置图片的旋转方式

选中图片，单击"图片工具/格式"选项卡→"排列"组→"旋转"命令，设置图片的旋转方式，如图3-3-15所示。

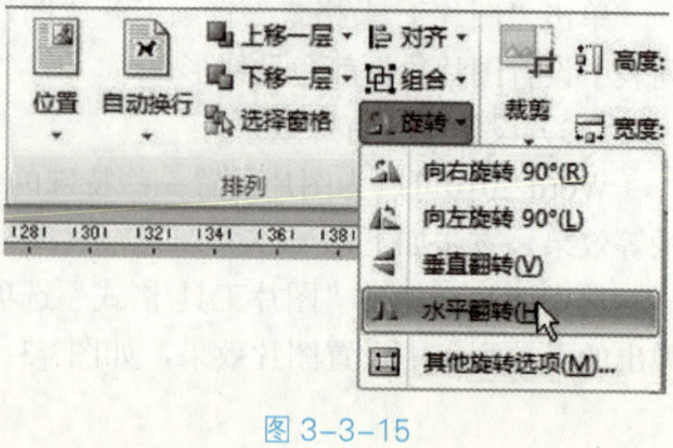

（4）设置多张图片的排列方式

选中图片，单击"图片工具/格式"选项

图 3-3-15

卡→"排列"组→"上移一层"（或"下移一层"）命令，设置图片的排列方式，如图3-3-16所示。

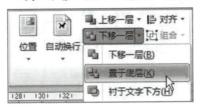

图 3-3-16

4．设置图片的大小

（1）图片的裁切

第1步：选中图片，单击"图片工具/格式"选项卡→"大小"组→"裁剪"命令。

第2步：拖动鼠标调整图片的定界框，对图片进行裁剪，如图3-3-17所示。

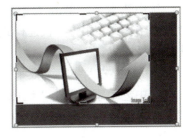

图 3-3-17

（2）图片高度和宽度的调整

- 选中图片，单击"图片工具/格式"选项卡→"大小"组→"高度"（或"宽度"）命令，输入相应数值，对图片进行大小调整。
- 单击"图片工具/格式"选项卡→"大小"组右下角对话框启动器，打开"布局"对话框，对图片进行精确设置，如图3-3-18所示。

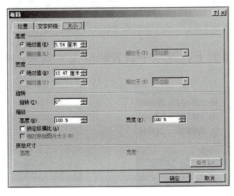

图 3-3-18

> **注意**
>
> 选中图片，会在图片四周出现八个控制点，将光标移至任一个控制点，待鼠标指针变为双箭头时，拖动鼠标，可改变图片的大小。

3.3 设置艺术字效果

为文档添加艺术字后，要想插入的艺术字符合文档的整体风格，还可以对艺术字的字体、字号、文本填充、文本效果和文本轮廓进行设置。其中设置字体、字号的方法和设置普通文档的方法相同，都是在"开始"→"字体"组中进行的，而对艺术字设置文本填充、文本轮廓和文本效果等，则可通过"绘图工具/格式"→"艺术字样式"组进行编辑，如图3-3-19所示。

图 3-3-19

1. 设置艺术字内置样式

选中艺术字,单击"绘图工具/格式"选项卡→"艺术字样式"组→"快速样式"命令,在弹出的列表中选择样式。

2. 设置艺术字填充效果

选中艺术字,单击"绘图工具/格式"选项卡→"艺术字样式"组→"文本填充"命令,如图3-3-20所示。

3. 设置艺术字文本轮廓

选中艺术字,单击"绘图工具/格式"选项卡→"艺术字样式"组→"文本轮廓"命令,在弹出的下拉选项中设置轮廓线线型及颜色。

4. 改变艺术字效果

(1)更改艺术字映像

选中艺术字,单击"绘图工具/格式"选项卡→"艺术字样式"组→"文本效果"命令,在弹出的下拉选项中设置相应文本效果,如图3-3-21所示。

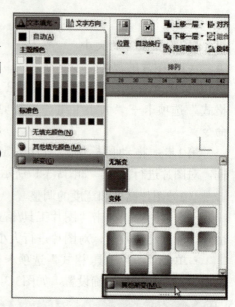

图 3-3-20

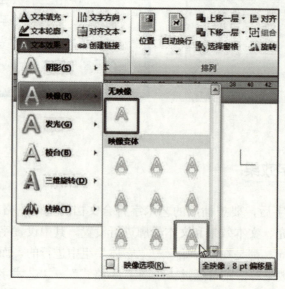

图 3-3-21

（2）更改艺术字形状

选中艺术字，单击"绘图工具/格式"选项卡→"艺术字样式"组→"文本效果"命令，在弹出的下拉列表中选择"转换"选项，如图3-3-22所示。

5．将艺术字改为竖排文字

选中艺术字，单击"绘图工具/格式"选项卡→"文本"组→"文字方向"命令，在弹出的下拉列表中选择"垂直"，选项如图3-3-23所示。

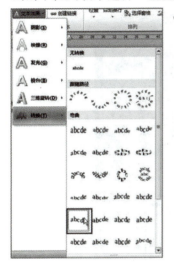

图 3-3-22

图 3-3-23

3.4 插入文本框

在输入或编辑Word文档时，有时需要插入一些相对独立的文字，并希望这些文字可以放在文本的任何地方，这就需要用到文本框。

1．插入文本框

第1步：单击"插入"选项卡→"文本"组→"文本框"命令，在打开的下拉列表中选择"绘制文本框"选项。

第2步：拖动鼠标绘制一个矩形框，输入文字内容，如图3-3-24所示。

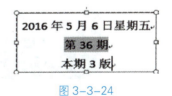

图 3-3-24

2．编辑文本框

在Word 2010文档中插入文本框后，若要对其进行美化操作，同样在"绘图工具/格式"选项卡中实现。

若要设置文本框的形状、填充效果和轮廓样式等格式，可在"插入形状"组、"形状样式"组中操作，其方法与自选图形的操作相同。

如果需要对文本框内的文本内容进行艺术性的修饰，可选中文本框中的文本内容，然后通过"艺术字样式"组实现，其操作方法与艺术字的设置方法是一样的。

 任／务／实／施

招聘简章是根据招聘计划制定的，所以招聘简章是招聘计划体现的一个方面。下面制作招聘简章，其最终结果如图3-3-25所示。

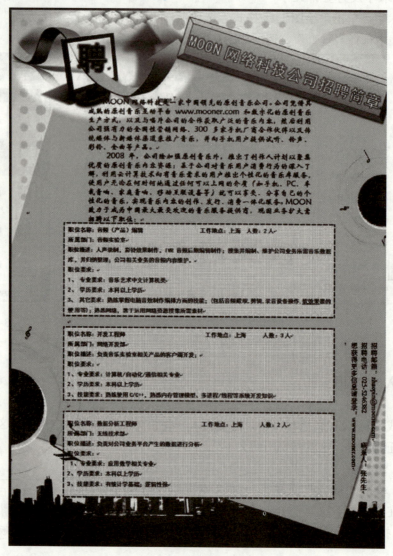

图 3-3-25

（1）打开"招聘简章.txt"文档

启动Word 2010，参考文档内容输入文本。

（2）添加背景

第1步：单击"页面布局"选项卡→"页面背景"组→"水印"命令，在弹出的下拉列表中选择"自定义水印"命令。

第2步：打开"水印"对话框，单击"图片水印"单选按钮。

第3步：设置"缩放"为"300%"，取消选中"冲蚀"复选框，如图3-3-26所示。

第4步：单击"选择图片"按钮。

第5步：单击"插入图片"对话框，在其中选中"背景.png"图片。

第6步：单击"插入"命令。返回"水印"对话框，单击"确定"命令，插入图片，如图3-3-27所示。

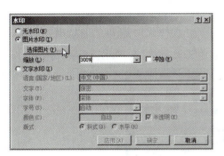

图3-3-26

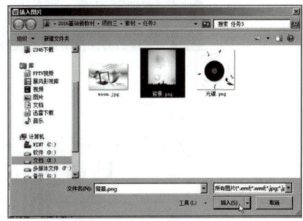

图3-3-27

（3）编辑页眉

第1步：双击页眉部分，进入页眉页脚编辑状态。单击"开始"选项卡→"样式"组→"样式"命令，在弹出的下拉列表中单击"清除格式"命令，将页眉上的黑线去掉，如图3-3-28所示。

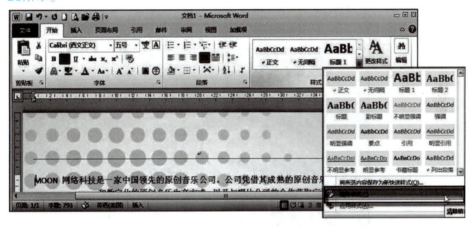

图3-3-28

第2步：在页眉和页脚编辑状态下，单击"插入"选项卡→"插图"组→"形状"命令，在弹出的下拉列表中单击矩形按钮。

第3步：拖动鼠标绘制一个矩形，绘制完成后将矩形上方中间的绿色圆点向右边拖动旋转形状，并使矩形形状基本覆盖到所有的文字，如图3-3-29所示。

第4步：选中矩形，单击"绘图工具/格式"选项卡→"形状样式"组→"形状轮廓"命令，在弹出的下拉列表中选择"无轮廓"选项。

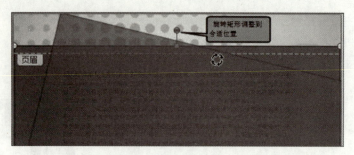

图 3-3-29

第5步：选中矩形，单击"绘图工具/格式"选项卡→"形状样式"组→"形状填充"命令，在弹出的下拉列表中单击"水绿色，强调文字颜色5，淡色60%"选项，如图3-3-30所示。

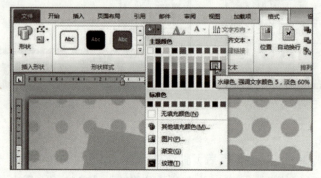

图 3-3-30

第6步：单击"绘图工具/格式"选项卡→"形状样式"组→"形状效果"命令，在弹出的下拉列表中选择"阴影"→"右下斜偏移"选项，如图3-3-31所示。

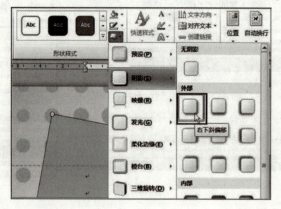

图 3-3-31

第7步：单击"页眉和页脚工具/设计"选项卡→"关闭"组→"关闭页眉和页脚"命令，退出页眉页脚编辑状态。

（4）编辑标题

第1步：单击"插入"选项卡→"文本"组→"艺术字"命令。

第2步：在弹出的下拉列表中选项"渐变填充–黑色，轮廓–白色，外部阴影"命令。

第3步：在出现的文本框中输入"聘"文本，选中输入的艺术字，将其移动到文档左上角。

第4步：单击"开始"选项卡→"字体"组，"字体"设置为"微软雅黑"，"字号"设置为"50"。

第5步：单击"插入"选项卡→"文本"组→"艺术字"命令。

第6步：在弹出的下拉列表中单击"填充–橙色，强调文字颜色6，轮廓–强调文字颜色6，发光–强调文字颜色6"选项。

第7步：在出现的文本框中输入"MOON网络科技公司招聘简章"文本，设置"字体、字号"为"黑体、24"。

第8步：将刚输入的艺术字上方中间的绿色圆点向右边拖动旋转艺术字，设置和矩形相同的旋转度，如图3-3-32所示。

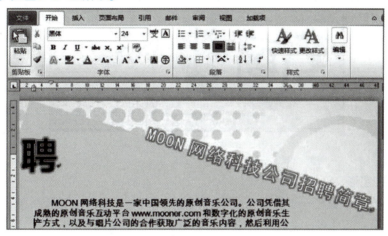

图 3-3-32

（5）插入图片

第1步：单击"插入"选项卡→"插图"组→"图片"命令。

第2步：打开"插入图片"对话框，选项"MOON.jpg"图片，单击"插入"按钮。

第3步：在插入的图片上单击鼠标右键，在弹出的快捷菜单中单击"自动换行"→"衬于文字下方"命令，如图3-3-33所示。

第4步：选中图片，单击"图片工具/格式"选项卡→"大小"组→"裁剪"命令。

第5步：拖动鼠标调整图片的定界框，对图片进行裁剪，调到合适大小。

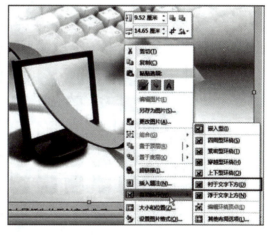

图 3-3-33

第6步：选中图片，单击"图片工具/格式"选项卡→"大小"组，"高度"值设置为"7厘米"，"宽度"值为"11.22厘米"。

第7步：选中图片，单击"图片工具/格式"选项卡→"图片样式"组→"图片内置样式列表"，选择"柔化边缘椭圆"样式，如图3-3-34所示。

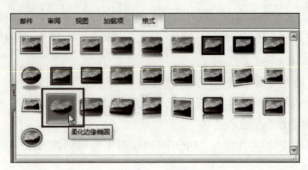

图 3-3-34

第8步：将图片拖动到文档左上角，如图3-3-35所示。

图 3-3-35

（6）绘制图形

第1步：单击"插入"选项卡→"插图"组→"形状"命令，在弹出下拉列表中选择"棱台"选项。

第2步：拖动鼠标在文档上方绘制能够覆盖标题宽度的"棱台"图形。

第3步：选中图形，单击"绘图工具/格式"选项卡→"形状样式"组，在"样式"下拉列表中选择"细微效果–蓝色，强调颜色1"选项，如图3-3-36所示。

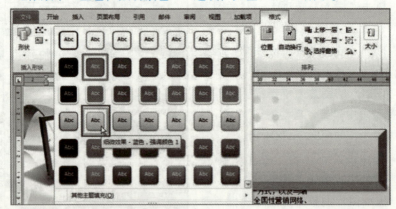

图 3-3-36

第4步：选中图形，单击鼠标右键，在弹出的快捷菜单中单击"自动换行"→"衬于文字下方"选项。

第5步：将图形移动到右上角衬于标题艺术字下方，调整图形上方中间的绿色圆点，向右边拖动旋转图形，设置和艺术字相同的旋转度，如图3-3-37所示。

图 3-3-37

（7）将鼠标光标移动到正文最前面，按3次"Enter"键，换行3次

（8）选中第1、2段文本

做以下操作：

第1步：设置"字体、字号"为"华文新魏、小四"。

第2步：单击"开始"选项卡→"段落"组→"段落"对话框启动器。

第3步：打开"段落"对话框→"缩进和间距"选项卡。

第4步：设置"左侧、右侧、特殊格式、行距、设置值"为"3字符、3字符、首行缩进、固定值、14磅"。单击"确定"按钮，如图3-3-38所示。

（9）选中第3段之后的所有招聘职位文本

做以下操作：

第1步：单击"开始"选项卡→"字体"组，"字体"设置为"黑体"，"字号"设置为"9"。

第2步：单击"开始"选项卡→"字体"组→B（加粗）命令。

第3步：单击"开始"选项卡→"字体"组→"字体颜色"命令，在弹出下拉列表中选择"白色、背景1、深色50％"，如图3-3-39所示。

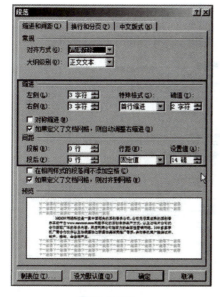

图 3-3-38

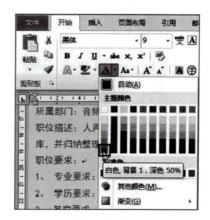

图 3-3-39

（10）选中第1个招聘职位的段落

做以下操作：

第1步：单击"开始"选项卡→"段落"组→"边框和底纹"命令，在弹出的下拉列表中选择"边框和底纹"。

第2步：在打开"边框和底纹"对话框中，选择"边框"选项卡。设置"设置"为"方框"，在"样式"选择栏中选择第3个选项。

第3步：设置"颜色、宽度"为"红色，强调文字颜色2，深色25%、2.25磅"，如图3-3-40所示。

第4步：在"边框和底纹"对话框中选择"底纹"选项卡。

第5步：设置"填充、样式、颜色"为"茶色、背景2，浅色网络，白色、背景1"，单击"确定"按钮，如图3-3-41所示。

 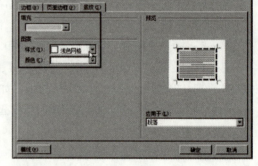

图 3-3-40 　　　　　　　　　　　　　　图 3-3-41

（11）运用格式刷设置第2个招聘职位和第3个招聘职位的文本段落

第1步：选中第1招聘职位段落，单击"开始"选项卡→"剪贴板"组，双击"格式刷"命令。

第2步：选中第2个招聘职位的文本段落，应用设置的格式。

第3步：选中第3个招聘职位的文本段落，应用设置的格式，如图3-3-42所示。

图 3-3-42

第4步：单击"开始"选项卡→"剪贴板"组→"格式刷"命令，取消使用格式刷工具。

（12）对竖排文本框进行编辑

第1步：单击"插入"选项卡→"文本"组→"文本框"命令，在弹出的下拉列表中选择"绘制竖排文本框"。

第2步：在文档右下角绘制一个竖排文本框，在该文本框输入相关信息，如图3-3-43所示。

第3步：输入完成后，发现邮箱地址处出现一个超链接。在输入的邮箱上右键单击，在弹出的快捷菜单中选择"取消超链接"按钮。

第4步：选中竖排文本框→单击"绘图工具/格式"选项卡→"形状样式"组→"形状填充"命令，在弹出的下拉列表中选择"无填充颜色"。

第5步：选中竖排文本框，单击"绘图工具/格式"选项卡→"形状样式"组→"形状轮廓"命令，在弹出的下拉列表中选择"无轮廓"。

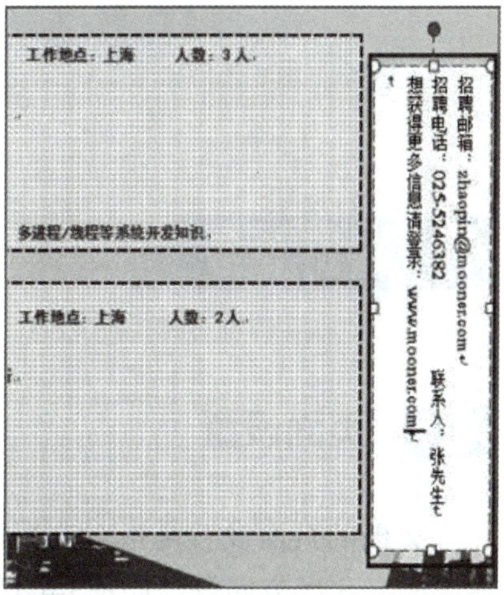

图3-3-43

（13）编辑插图

第1步：单击"插入"选项卡→"插图"组→"图片"命令。

第2步：打开"插入图片"对话框，单击"光碟.png"图片→"插入"。

第3步：在插入的图片上单击右键，在弹出的快捷菜单中选择"自动换行"→"衬于文字下方"命令。

第4步：选择上步插入的图片，单击"图片工具/格式"选项卡→"调整"组→"艺术效果"命令。

第5步：在弹出的下拉列表中选择"线条图"选项，如图3-3-44所示，将图片移动到文档左下角。

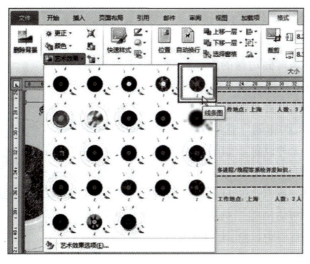

图3-3-44

（14）复制图像

按"Ctrl+C"快捷键，再按"Ctrl+V"快捷键粘贴图像，将图像移动到文档右上角。拖动图片框右上角的空心控制点，将图片缩小些，调整到合适位置。

任务4　制作公司商业计划书

知识准备

4.1 页面设置

文档的页面设置是指对文档设置每页的排版版面。例如，设置页边距、纸张大小、纸张方向、文字方向等，如图3-4-1所示。在Word中，每页的版面由版心以及版心周围的空白位置组成，如图3-4-2所示。

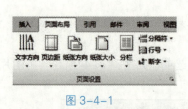

图 3-4-1

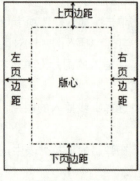

图 3-4-2

1．设置页边距

页边距是指文本与页面边缘的距离。通过设置页边距，可以使Word 2010文档的正文部分跟页面边缘保持比较合适的距离。可以通过以下几种方法设置页边距。

方法1：单击"页面布局"选项卡→"页边距"命令按钮，在弹出的列表中选择一种设置，如图3-4-3所示。

方法2：单击"页面布局"选项卡→"页边距"命令按钮→"自定义边距"按钮，或双击垂直标尺，打开"页面设置"对话框。在"页面设置"对话框的"页边距"选项卡中可以按用户需求设置上、下、左、右边距，如图3-4-4所示。

2．设置纸张大小

纸张大小是设置当前编辑文档的页面大小，Word文档默认的纸张大小为"A4"。我们可以通过以下几种方法设置纸张大小。

方法1：单击"页面布局"选项卡→"纸张大小"命令按钮，在打开的列表中选择其他纸张类型，如图3-4-5所示。

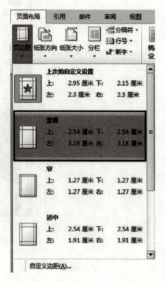

图 3-4-3

图 3-4-4　　　　　　　　　　　　图 3-4-5

方法2：单击"页面布局"选项卡→"纸张大小"命令按钮→"其他页面大小"按钮，或双击垂直标尺，打开"页面设置"对话框，在"纸张"选项卡中"纸张大小"列表中选择其他纸张类型，如图3-4-6所示。如需自定义纸张大小，则在宽度和高度中输入实际纸张宽度和高度即可，如图3-4-7所示。

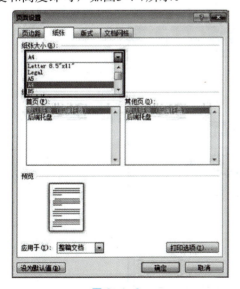
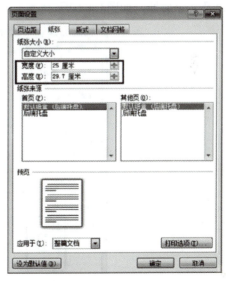

图 3-4-6　　　　　　　　　　　　图 3-4-7

3．纸张方向

纸张方向是设置当前编辑文档的页面方向。纸张方向有纵向和横向，Word文档默认纸张方向为"纵向"。可以通过以下几种方法设置纸张方向。

方法1：单击"页面布局"选项卡→"纸张方向"命令按钮，在打开的列表中选择"纵向"或"横向"，如图3-4-8所示。

方法2：双击垂直标尺，打开"页面设置"对话框，单击"页边距"选项卡，在"纸张方向"中选择"横向"或"纵向"，如图3-4-9所示。

图 3-4-8

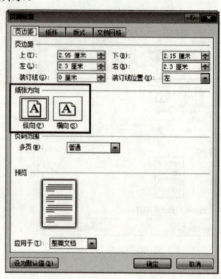

图 3-4-9

4．设置文档网格

文档网格可以设置文字排列方向、每页的行数和每行的字数，还可以设置文字和绘图网格以及文字属性，如图3-4-10所示。

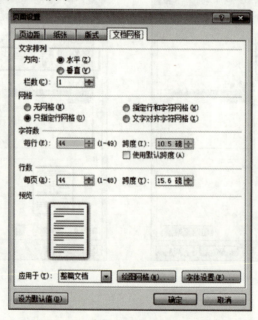

图 3-4-10

4.2 使用样式

样式是系统或用户自定义并保存的一系列格式的组合，包括字体格式、段落格式以及边框和底纹等。利用样式可以快速地改变段落的格式，也为具有一系列相同格式特征的文本段落统一风格提供了有效的手段。使用样式来格式化文档，不仅可以避免重复地设置字体、段落等格式，还可以构成大纲和目录。

"样式"的应用和设置在"开始"选项卡→"样式"组和"样式"任务窗格中进行。样式的操作主要有应用样式、创建样式和修改样式。

1. 应用样式

Word 2010中列举了许多样式供用户直接使用。

第1步：选择要应用样式的文本。

第2步：单击"开始"选项卡的"样式"组中"快速样式"右下角的"其他"按钮，如图3-4-11所示，打开"样式"列表框，如图3-4-12所示；或者单击"开始"选项卡→"样式"组右下角的下拉按钮，打开"样式"任务窗格，如图3-4-13所示。

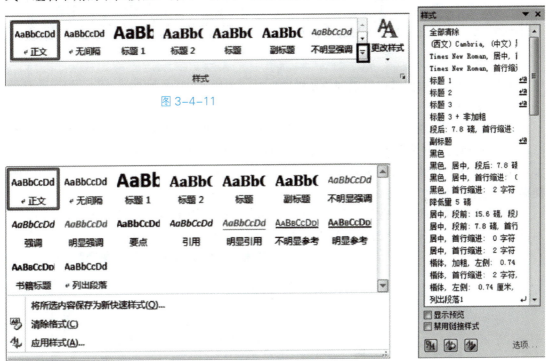

图 3-4-11

图 3-4-12　　　　　　　　　　　图 3-4-13

第3步：在"样式"列表框"样式"任务窗格中选择需要应用的样式。

删除样式非常简单，用户只需在图3-4-12所示的"样式"列表框中单击"清除格式"按钮即可。

2. 创建样式

当Word提供的样式不能满足文档的编辑要求时，用户就要按实际需求自己定义样式了。

第1步：单击"开始"选项卡→"样式"组右下角的下拉按钮，打开"样式"任务窗格。

第2步：在"样式"任务窗格左下方单击"新建样式"按钮。

第3步：在弹出的"根据格式设置创建新样式"对话框中进行用户自定义设置，如图3-4-14所示。用户可根据需要进行样式名称、样式类型、样式基准、后续段落样式以及字符格式的设置。

第4步：单击"格式"按钮，弹出菜单，如图3-4-15所示，分别可以对字体、段落、制表位、边框、语言、图文框、编号、快捷键和文字效果进行综合设置。

图 3-4-14

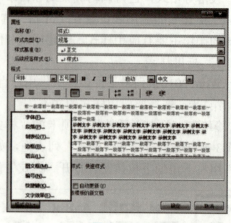
图 3-4-15

第5步：单击"根据格式设置创建新样式"对话框的"确定"按钮。

3．修改样式

如果Word所提供的样式有些不符合应用要求，用户可对已有的样式进行修改。

第1步：单击"开始"选项卡→"样式"组右下角的下拉按钮，打开"样式"任务窗格。

第2步：在"样式"任务窗格中，右击要修改的样式名，如图3-4-16所示，在弹出的快捷菜单中选择"修改"命令。

第3步：在弹出的"修改样式"对话框中，可以修改字体格式、段落格式，还可以单击对话框的"格式"按钮，修改段落间距、边框和底纹等选项，如图3-4-17所示。

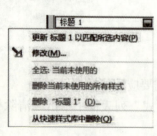
图 3-4-16

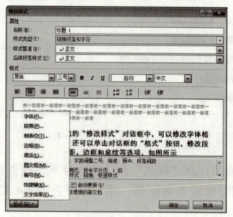
图 3-4-17

第4步：单击"确定"按钮，完成修改。

4.3 插入并编辑目录

目录是长文档必不可少的组成部分，由文章的章、节的标题和页码组成，如图3-4-18所示。为文档创建目录，建议最好使用标题样式，先给文档的各级目录指定恰当的标题样式。

图 3-4-18

1．插入目录

第1步：将文档中作为目录的内容设置为标题样式。

第2步：将光标移动到要插入目录的位置，一般为文档的首页。

第3步：单击"引用"选项卡→"目录"组→"目录"命令按钮→"自动目录1"或"自动目录2"按钮，如图3-4-19所示，即可在光标处插入目录。

2．自定义目录

如果觉得自动目录样式不能满足要求，用户可以自定义目录样式。

第1步：将文档中作为目录的内容设置为标题样式。

第2步：将光标移动到要插入目录的位置，一般为文档的首页。

第3步：单击"引用"选项卡→"目录"组→"目录"命令按钮→"插入目录"按钮，弹出"目录"对话框，如图3-4-20所示。

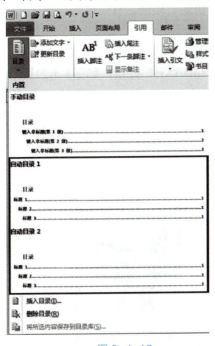

图 3-4-19

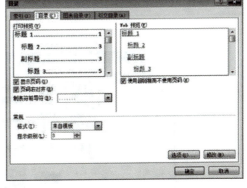

图 3-4-20

第4步：在弹出的"目录"对话框中，用户可根据需要进行制表符前导符样式、目录的格式及显示级别等设置。

第5步：在"目录"对话框中单击"确定"按钮，即可在光标处插入一个自定义的目录。

3. 更新目录

如果添加或删除了文档中的标题或其他目录项，用户可以快速更新目录。

第1步：单击"引用"选项卡→"目录"组→"更新目录"按钮，如图3-4-21所示，弹出"更新目录"对话框，如图3-4-22所示。

图 3-4-21

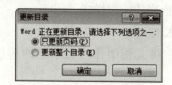

图 3-4-22

第2步：在"更新目录"对话框中单击"只更新页码"或"更新整个目录"单选按钮。
第3步：在"更新目录"对话框中单击"确定"按钮，完成目录更新。

4.4 插入SmartArt图

在实际工作中，经常需要在文档中插入一些图形，如工作流程图、图形列表等比较复杂的图形，以增加文稿的说明力度。SmartArt图形是信息和观点的视觉表示形式。通过从多种不同布局中进行选择来创建SmartArt图形，可以快速、轻松、有效地传达信息。

1. 插入SmartArt图形

第1步：将光标定位到需要插入SmartArt图形的位置。
第2步：单击"插入"选项卡→"插图"组→"SmartArt"按钮，如图3-4-23所示，打开"选择SmartArt图形"对话框，如图3-4-24所示。

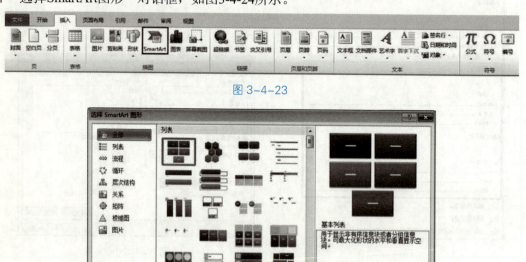

图 3-4-23

图 3-4-24

第3步：在"选择SmartArt图形"对话框中选择一种图形，单击"确定"按钮。

第4步：在图形中输入文字，也可单击SmartArt图形左侧的按钮，弹出"在此处键入文字"的任务窗格后输入文字，如图3-4-25所示。

图 3-4-25

2. 修改SmartArt图形

（1）创建图形

默认的结构不能满足需要时，可在指定的位置添加形状。

第1步：选择要插入形状位置的相邻的形状。

第2步：单击"SmartArt工具"的"设计"选项卡→"创建图形"组→"添加形状"命令按钮，如图3-4-26所示，打开"添加形状"列表，如图3-4-27所示，单击列表中的按钮即添加一个新形状。

图 3-4-26

图 3-4-27

第3步：在添加的新形状中输入文字。

（2）更改布局

用户可以调整整个SmartArt图形或者其中一个分支的结构，其方法是：单击"SmartArt工具"的"设计"选项卡→"布局"组的"其他"按钮，如图3-4-28所示，在打开的布局样式列表中选择其他布局效果。

图 3-4-28

（3）更改样式

在SmartArt样式中可以改变图形的颜色和显示效果，如图3-4-29所示。

图 3-4-29

• 单击"SmartArt工具"的"设计"选项卡→"SmartArt样式"组的"更改颜色"命令按钮，打开颜色列表，选择一种颜色即可。

• 单击"SmartArt工具"的"设计"选项卡→"SmartArt样式"组的"样式"命令按钮，打开样式列表，选择一种样式即可。

4.5 插入页眉和页脚

页眉和页脚是指打印在一页顶部和底部的注释性文字或图形。页眉一般是书名或章节标题，页脚通常是页码。

1. 添加页眉和页脚

第1步：单击"插入"选项卡→"页眉和页脚"组→"页眉"命令按钮，在展开的列表中选择页眉样式，如图3-4-30所示。

图 3-4-30

第2步：进入页眉和页脚编辑状态，显示"页眉和页脚工具"的"设计"选项卡，在页眉区输入要设置的页眉名称。

第3步：单击"页眉和页脚工具"的"设计"选项卡→"导航"组→"转至页脚"按

钮，如图3-4-31所示，即转至页脚处输入页脚内容。

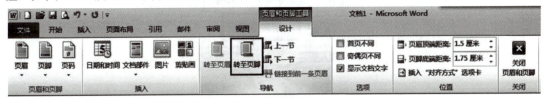

图 3-4-31

第4步：单击"页眉和页脚工具"的"设计"选项卡→"关闭"组→"关闭页眉和页脚"按钮，退出页眉和页脚编辑状态。

2．修改和删除页眉和页脚

在页眉和页脚位置双击鼠标进入页眉和页脚的编辑状态，即可修改页眉和页脚内容。要删除页眉和页脚内容，需单击"插入"选项卡→"页眉和页脚"组→"页眉"命令按钮→"删除页眉"命令，或单击"插入"选项卡→"页眉和页脚"组→"页脚"命令按钮→"删除页脚"命令。

3．设置首页不同或奇偶页不同的页眉和页脚

使用Word 2010编辑长文档时，通常首页不要页眉和页脚，并且奇数页和偶数页的页眉和页脚内容和位置有时也不相同。

第1步：双击首页页眉区进入页眉和页脚编辑状态，单击"页眉和页脚工具"的"设计"选项卡→"选项"组中"首页不同"和"奇偶页不同"复选框，如图3-4-32所示。

第2步：首页和偶数页的页眉和页脚自动清除，分别为奇数页和偶数页设置不同的页眉和页脚即可。

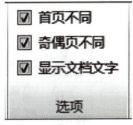

图 3-4-32

4.6 插入脚注和尾注、题注

脚注和尾注用来对文档中的文本进行注释，它们属于文档的组成部分，在同一文档中可以既有脚注又有尾注。

1．插入脚注

脚注是对某一页有关内容的解释，一般放在该页的底部或文字下方。

第1步：选择要添加脚注的内容。

第2步：单击"引用"选项卡→"脚注"组→"插入脚注"按钮，如图3-4-33所示。

第3步：在页面底端输入脚注注释内容。

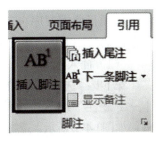

图 3-4-33

2．插入尾注

尾注常用来表明文档引用了哪些文章，或对文档内容进行详细解释，一般放在文档的最后。

第1步：选择要添加尾注的内容。

第2步：单击"引用"选项卡→"脚注"组→"插入尾注"按钮，如图3-4-34所示。

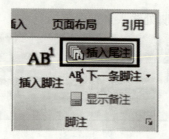

图 3-4-34

第3步：在文档末尾输入尾注注释内容。

如需对脚注和尾注的标号格式做修改，单击"引用"选项卡→"脚注"组右下角的下拉按钮，如图3-4-35所示，打开"脚注和尾注"对话框。在对话框中可以改变脚注和尾注的"编号格式"或者"自定义标记"，如图3-4-36所示。

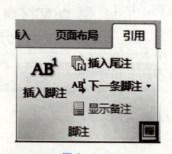

图 3-4-35

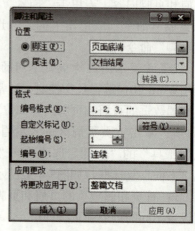

图 3-4-36

3．插入题注

在文档中可能经常要插入图片、表格或图表等项目，为了便于查阅，通常要在图片、表格或图表的上方或下方加入"图1-1"或"表1-1"等文字。使用"题注"功能可以保证在长文档中图片、表格或图表等项目能够顺序自动编号，尤其是移动、添加或删除带题注的某一项目，Word将自动更新题注的编号。

（1）插入题注

第1步：选中要添加题注的图片，单击"引用"选项卡→"题注"组→"插入题注"按钮，弹出"题注"对话框，如图3-4-37所示。

图 3-4-37

第2步：单击"题注"对话框中的"新建标签"按钮，弹出"新建标签"对话框，输入新标签名，如图3-4-38所示。

（2）更新题注

选定题注中生成的序号，单击鼠标右键，弹出如图3-4-39所示的右键快捷菜单，单击

"更新域"命令，题注中的序号会自动更新。

图 3-4-38

图 3-4-39

任 / 务 / 实 / 施

任务目标：《商业计划书》的制作，效果如图3-4-40所示。

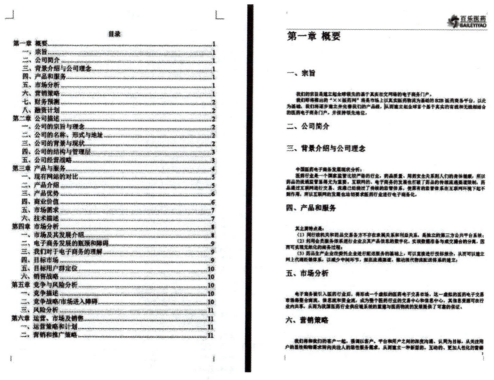
图 3-4-40

1）打开"商业计划书.docx"。

2）设置页边距。单击"页面布局"选项卡→"页边距"命令按钮→"自定义边距"按钮或双击垂直标尺，打开"页面设置"对话框；在"页面设置"对话框中"页边距"选项卡中上、下边距文本框中输入2厘米，左、右页边距文本框中输入2.5厘米。

3）将文档中带有"第一章""第二章""第三章""第四章""第五章""第六章"的段落设置为"标题一"样式。选定"第一章 概要"，单击"开始"选项卡→"样式"组中"快速样式"中的"标题1"样式，如图3-4-41所示。

4）选定"第一章 概要"，双击"开始"选项卡→"剪贴板"组的"格式刷"按钮，依次在文本选定区单击包含"第二章""第三章""第四章""第五章""第六章"的段落文字，将其设置为"标题1"样式，再次单击"格式刷"。

5）将文档中带有大标题"一、二、三、…"的所有段落设置为"标题2"的样式，效果如图3-4-42所示。

图3-4-41　　　　　　　　　　图3-4-42

6）将光标定位于"第一章概要"的行首，单击"引用"选项卡→"目录"组→"目录"命令按钮→"自动目录1"按钮，插入目录，如图3-4-43所示。

7）选定标题文字"目录"，水平居中。选定目录内容，设置字号为"四号"。

8）单击"插入"选项卡→"页眉和页脚"组→"页眉"命令按钮→"编辑页眉"按钮，进入页眉编辑区。选择"页眉和页脚工具"的设计选项卡→"选项"组中的复选框，如图3-4-44所示。

9）单击"页眉和页脚工具"的设计选项卡→"页眉和页脚"组→"页码"命令按钮→"设置页码格式"按钮，如图3-4-45所示，弹出"页码格式"对话框；在对话框中设置"起始页码"为"0"，如图3-4-46所示。

图3-4-43

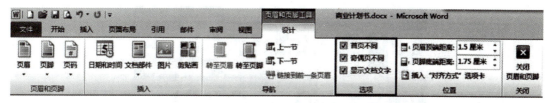

图 3-4-44

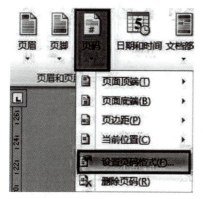

图 3-4-45

图 3-4-46

10）将光标定位于奇数页页眉区，如图3-4-47所示。单击"插入"选项卡→"插入"组→"图片"按钮，弹出"插入图片"对话框，找到素材文件"LOGO.jpg"，将图片插入奇数页页眉区，比例大小设置为35%，右对齐，效果如图3-4-48所示。

图 3-4-47

图 3-4-48

11）单击"页眉和页脚工具"的设计选项卡→"导航"组→"转至页脚"按钮，如图3-4-49所示，切换到奇数页页脚区。

图 3-4-49

12）单击"页眉和页脚工具"的设计选项卡→"页眉和页脚"组→"页码"命令按钮→"当前位置"按钮，选择列表中的"普通数字"样式，如图3-4-50所示。此时为文档添加了页码，设置页码右对齐，效果如图3-4-51所示。

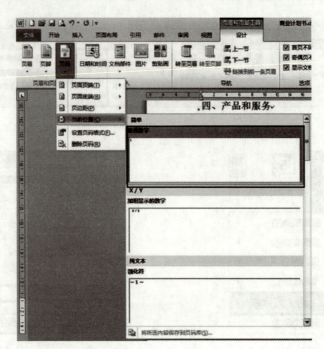

图 3-4-50

图 3-4-51

13）将光标定位于偶数页页眉区。单击"插入"选项卡→"插入"组→"图片"按钮，弹出"插入图片"对话框，找到素材文件"LOGO.jpg"，将图片插入偶数页页眉区，比例大小设置为35%，左对齐，效果如图3-4-52所示。

图 3-4-52

14）单击"页眉和页脚工具"的设计选项卡→"导航"组→"转至页脚"按钮，切换到偶数页页脚区。单击"页眉和页脚工具"的设计选项卡→"页眉和页脚"组→"页码"命令按钮→"当前位置"按钮，选择列表中的"普通数字"样式为偶数页添加页码，设置页码左对齐，效果如图3-4-53所示。

图 3-4-53

15）单击"页眉和页脚工具"的"设计"选项卡→"关闭"组→"关闭页眉和页脚"按钮，退出页眉和页脚编辑状态。

16）根据"第二章 公司描述"中"四、公司的结构与管理层"中的描述，在"1、公司现期"中为本公司制作管理层结构图，如图3-4-54所示。

17）单击"插入"选项卡→"插图"组→"SmartArt"按钮，打开"选择SmartArt图形"对话框，在对话框中单击"层次结构"按钮，选择组织结构图，如图3-4-55所示，单击"确定"按钮。

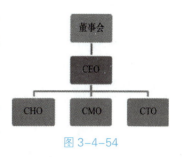

图 3-4-54

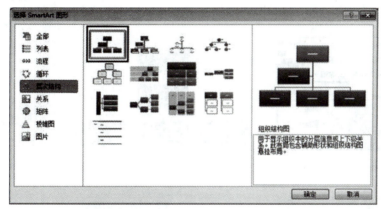

图 3-4-55

18）按图3-4-56所示，先选定组织结构图的侧分支图形并按Delete键删除，再选定顶层图形，单击"SmartArt工具"的"设计"选项卡→"创建图形"组→"添加形状"命令按钮，如图3-4-57所示，在弹出的列表里单击"在上方添加形状"，如图3-4-58所示，效果如图3-4-59所示。

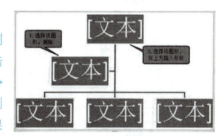

图 3-4-56

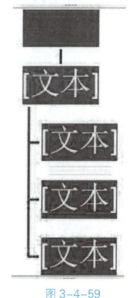

图 3-4-57　　　　图 3-4-58　　　　图 3-4-59

19）选定第二层的图形，单击"SmartArt工具"的"设计"选项卡→"创建图形"组→"布局"命令按钮→"标准"按钮，如图3-4-60所示，效果如图3-4-61所示。

20）单击SmartArt图形左侧箭头按钮，如图3-4-61所示，打开"在此处键入文字"图框，如图3-4-62所示，在其中键入文字，效果如图3-4-63所示。单击"在此处键入文字"图框右上角"关闭"按钮。

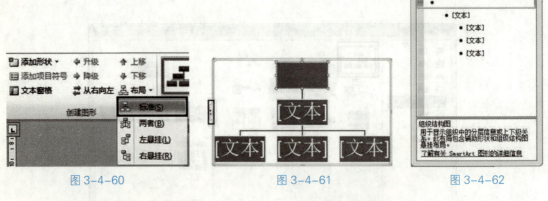

图 3-4-60　　　　　　　　图 3-4-61　　　　　　　　图 3-4-62

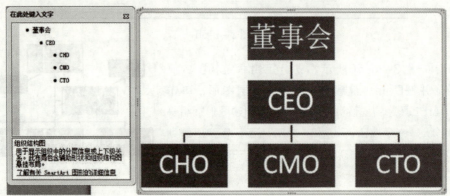

图 3-4-63

21）选定SmartArt图形，单击"SmartArt工具"的"设计"选项卡→"布局"组中的"标记的层次结构"按钮，如图3-4-64所示。

22）选定SmartArt图形，单击"SmartArt工具"的"设计"选项卡→"SmartArt样式"组→"更改颜色"命令按钮→"彩色 强调颜色文字"按钮，再调整图形大小，居中对齐。

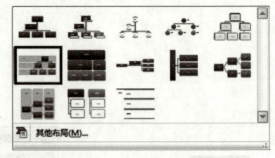

图 3-4-64

23）选定SmartArt图形，单击"引用"选项卡→"题注"组→"插入题注"按钮，弹出"题注"对话框，单击"新建标签"按钮，在弹出的"新建标签"对话框中输入标签名

"图",如图3-4-65所示,单击"确定";在"题注"对话框中显示"题注"为"图 1",如图3-4-66所示,单击"确定"按钮,效果如图3-4-67所示。

24)在题注"图1"后,输入"现期的团队组织结构",如图3-4-68所示。

25)保存文档。

图 3-4-65

图 3-4-66

图 3-4-67

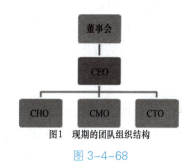

图 3-4-68

任务5 制作课程表

知识准备

5.1 创建表格

1．表格的概念

(1)表格

由横竖对齐的数据和数据周围的边框线组成的特殊文档叫作表格。

(2)单元格

表格行和列交叉产生的小方格叫作单元格。单元格是容纳数据的基本单元,可以形象地把它比作表格的细胞。

（3）行和列

表格中横向的所有单元格组成一行，竖向的单元格组成一列。
Word 2010表格结构示意图如图3-5-1所示。

图 3-5-1

（4）单元格名字

行号以1，2，3，…命名，列号以A，B，C，…命名。行列交叉点处单元格的列号和行号组成了该单元格的名字。

（5）标题栏和项目栏

标题栏和项目栏位于表格上部，用来输入表格各栏名称的一行文字叫作表格的标题栏；表格左侧的一列文字是表格的项目栏。

2．创建表格

表格是一种简明、扼要的信息表达方式，如课程表、成绩表、个人简历等，一张表往往可以代替许多文字叙述。

第1步：单击"插入"选项卡→"表格"组→"表格"按钮 →"插入表格"命令，弹出"插入表格"对话框，如图3-5-2所示。

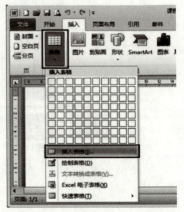

图 3-5-2

第2步：在"插入表格"对话框中输入"行数"和"列数"，如图3-5-3所示，单击"确定"按钮，如图3-5-4所示。

图 3-5-3

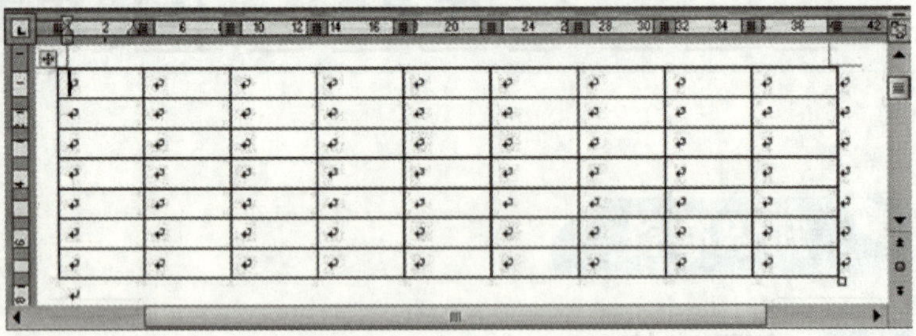

图 3-5-4

第3步：空表出现后，在第1行的第1个单元格中会出现插入点光标，插入点光标所在的单元格称为当前单元格，可以在当前单元格中输入内容。当一个单元格的内容输入完后，敲键盘上的→、←、↑、↓键可以跳到另一个单元格。

> **注意**
>
> 不能用敲回车的方法移动插入点光标，敲回车键将使当前单元格所在的行高度增加。

在单元格中输入内容时，若输入的内容宽度超过单元格的宽度，单元格将自动变高，并分行显示所输入的汉字。

注意

表格还可以使用"插入表格"的棋盘格和"绘制表格"两种方法来制作，如图3-5-5所示。

图 3-5-5

5.2 编辑表格

1. 行和列的编辑

（1）插入行或列

第1步：将光标插入点定位于要插入的行或列邻近的单元格中。

第2步：单击"表格工具"的"布局"选项卡→"行和列"组→"在上方插入"或"在下方插入"按钮，如图3-5-6所示，即可插入空白行。

图 3-5-6

第3步：单击"表格工具"的"布局"选项卡→"行和列"组→"在左侧插入"或"在右侧插入"按钮，如图3-5-6所示，即可插入空白列。

（2）移动行或列

如果发现表格中某些行或列的位置不合适，还可以调整。

第1步：选择要移动的行或列。

第2步：单击"开始"选项卡→"剪贴板"组→"剪切"按钮 ，选定的内容消失。

第3步：选定目标行或列，然后单击"开始"选项卡→"剪贴板"组→"粘贴"按钮 ，完成行或列的移动。

（3）删除行或列

将插入点光标移到要删除的行或列中，选择"表格工具"的"布局"选项卡→"行和列"组→"删除"按钮→"删除列（行）"命令，即可删除插入点光标所在的行或列。选择"表格工具"的"布局"选项卡→"行和列"组→"删除"命令按钮→"删除表格"命令，可以将整个表格删除，如图3-5-7所示。

(4) 行高和列宽的编辑和修改

新建立的表格中，列宽和行高都是默认的。当单元格中输入的文字较多时，行高会自动变高，而列宽不会变化。可以根据需要调整表格的行高和列宽，常用的方法有以下几种。

• 平均分布各列：选择多列，单击"表格工具"的"布局"选项卡→"单元格大小"组→"分布列"按钮，可使选定列具有相同宽度，如图3-5-8所示。

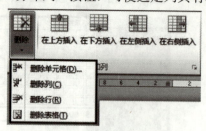

图 3-5-7

图 3-5-8

> **注意**
>
> 分布行：可使选定行具有相同的高度。

• 设置指定行高和列宽：在"表格属性"对话框中，切换到"行"或"列"选项卡可以重新设置行的高度或列的宽度。在表格的同一行中，各个单元格的高度都相同；但在同一列中，各个单元格的宽度可以不同。

第1步：选中表格，单击"表格工具"的"布局"选项卡→"表"组→"属性"按钮，如图3-5-9所示；打开"表格属性"对话框，在该对话框中单击"列"选项卡，选择"指定宽度"复选框，输入指定宽度值，如图3-5-10所示；单击"确认"按钮，该列即调整为指定宽度。

图 3-5-9

第2步：在"表格属性"对话框中单击"行"选项卡，选择"指定高度"复选框，输入指定高度值，如图3-5-11所示；单击"确认"按钮，该行即调整为指定高度。

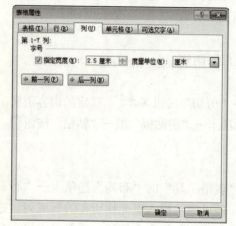

图 3-5-10

图 3-5-11

> **注意**
> 1. 行高值有最小值和固定值两种，如图3-5-11所示。
> 2. "自动调整"子菜单中的其他操作：
> （1）根据内容调整表格：单击 [根据内容调整表格(F)]，表格的列宽会根据单元格中内容的最大宽度自动调整。
> （2）根据窗口调整表格：单击 [根据窗口调整表格(W)]，表格中每一列的宽度将按照相同的比例扩大，使调整后的表格宽度与页面版心宽度相同。

• 手动调整表格行高与列宽：

第1步：将光标置于要调整列宽的边框线上，当指针变成 ◀||▶ 形状时，按住左键，会出现一条垂直虚线，按住左键向左或向右拖动，在合适的位置释放鼠标左键即调整了列宽。

第2步：将光标置于要调整行高的边框线上，当指针变成 ✥ 形状时，按住左键，会出现一条水平虚线，按住左键向上或向下拖动，在合适的位置释放鼠标左键即调整了列宽。

2．单元格的编辑与调整

（1）合并单元格

选定需要合并的单元格，单击"表格工具"的"布局"选项卡→"合并"组→"合并单元格"按钮，即选定的单元格被合并成一个单元格，如图3-5-12所示。

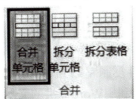

图3-5-12

（2）拆分单元格

表格中不仅可以将多个单元格合并成一个单元格，还可以将一个单元格拆分成多个单元格，方法是：选定要拆分的单元格，单击"表格工具"的"布局"选项卡→"合并"组→"拆分单元格"按钮，如图3-5-13所示；打开"拆分单元格"对话框，如图3-5-14所示；在"列数"框中输入单元格拆分后的列数（最大值为26列），在"行数"框中输入单元格拆分后的行数（最大值为63行），单击"确定"按钮，原先的一个单元格就变成几个单元格了。

（3）绘制斜线表头

Word 2010取消的"绘制斜线表头"功能，绘制单根对角线可以使用"表格工具"的"设计"选项卡→"表格样式"组→"边框"命令→"斜下框线"或"斜上框线"子命令，如图3-5-15所示。

如果要在一个单元格绘制多根斜线，则要使用绘制直线和文本框的方法完成，具体操作在任务实施中介绍。

图 3-5-13

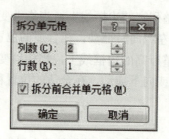
图 3-5-14

图 3-5-15

5.3 美化表格

有时我们把一个网页上的内容复制粘贴到Word文档后，这些内容会以表格的形式出现，给浏览和阅读带来很多不便。利用Word提供的文本和表格相互转换功能，可以将表格转换成文本，或是将文本再转换成表格；然后设置表格边框和底纹的样式，让表格显得清晰美观。

1. 文本表格的相互转换

第1步：新建一个Word文档，然后输入如图3-5-16所示内容，以"课程表"为文件名保存起来。在输入时，在需要转换为表格的文本中通过插入分隔符来指明在何处将文本分成行、列，这些分隔符可以是空格、段落标记、逗号、制表符等，我们使用"制表符"来分隔。

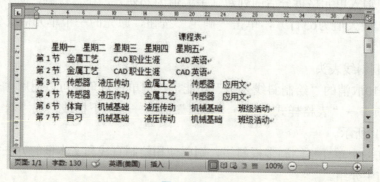
图 3-5-16

第2步：选定要转换为表格的文本。我们选定从"星期一"开始的所有文字。

第3步：单击"插入"选项卡→"表格"组→"表格"命令按钮→"文本转换成表格"按钮，如图3-5-17所示，打开"将文字转换成表格"对话框，如图3-5-18所示。

图 3-5-17

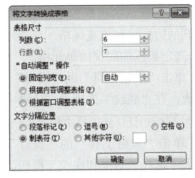

图 3-5-18

第4步：在"列数"框中输入转换后的表格每行分几列，本例是6列；在"文字分隔位置"栏中选择将文字转换成表格时列之间的分隔标记，这里选择"制表符"，如图3-5-18所示，表格的行数会根据设置的列数和选择的分隔符自动生成。

第5步：单击"确定"按钮，文本就转换成表格了，如图3-5-19所示。

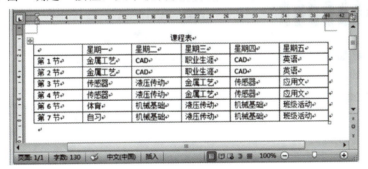

图 3-5-19

> **注意**
>
> 将表格转换为文本的方法是：选择表格，单击"表格工具"的"布局"选项卡→"数据"组→"转换为文本"按钮，如图3-5-20所示。

图 3-5-20

2. 表格中文字的对齐方式设置

默认情况下，单元格内文本的水平对齐方式为两端对齐，垂直对齐方式为顶端对齐。要调整单元中文字的对齐方式，可先选中单元格，然后单击"表格工具"的"布局"选项卡→"对齐方式"组中相应的对齐按钮，如图3-5-21所示。

图 3-5-21

3. 表格的边框和底纹设置

创建表格时，默认的边框线是黑色单实线，无填充色。用户可自行为选择的单元格或表格设置不同的边框线和填充风格。

第1步：选定要添加底纹的单元格。

第2步：单击"表格工具"的"设计"选项卡→"表格样式"组→"底纹"命令，打开"底纹"列表；在"底纹"列表中，选择一种填充色填充，如图3-5-22所示。

第3步：将鼠标指针移到表格中稍停片刻，表格左上角出现✥标记，单击它选定整个表格。

第4步：单击"表格工具"的"设计"选项卡→"表格样式"组→"边框"命令，在"边框"列表中选择"边框和底纹"按钮，打开"边框和底纹"对话框，如图3-5-23所示；在"边框和底纹"对话框"边框"选项卡中设置线条样式、颜色和宽度。

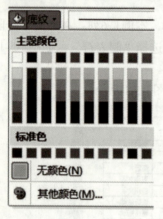

图 3-5-22

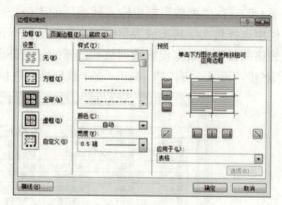

图 3-5-23

> **注意**
>
> 斜线表头的线条需要单独修改颜色和宽度，方法是：单击"绘图工具"的"格式"选项卡→"形状样式"组。

4. 表格的自动套用格式

Word提供了几十种精心设计的表格格式，可以直接套用其中的一种格式。

第1步：单击表格中任意一个单元格。

第2步：选择"表格工具"的"设计"选项卡→"表格样式"组→"表格样式"列表，选择一种表格样式，如图3-5-24所示，表格即应用该样式。

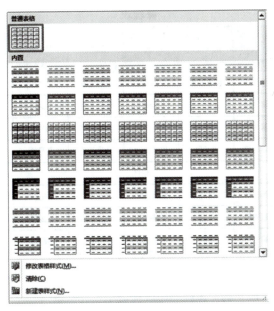

图 3-5-24

> **注意**
>
> 在"表格工具"的"设计"选项卡→"表格样式选项"组可以设置表格套用样式中的应用部分,如图3-5-25所示。

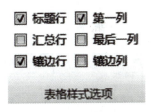

图 3-5-25

5. 标题行重复

当表格转下一页(或分页)时,如果需要显示标题行,则先将插入点移到需要转下页显示的第1行中,再单击"表格工具"的"布局"选项卡→"数据"组→"标题行重复"按钮,此后该行转下一页时,Word就会自动为下页的表格添加与上页相同的标题行,如图3-5-26所示。

图 3-5-26

任务实施

任务目标:学校每个学期都会为制订年级课程表,下面我们一起做一份图3-5-27所示的本班课程表吧!

课程表

课次 星期 节次		星期一	星期二	星期三	星期四	星期五
上午	第 1 节	金属工艺	CAD	职业生涯	CAD	英语
	第 2 节	金属工艺	CAD	职业生涯	CAD	英语
	第 3 节	传感器	液压传动	金属工艺	传感器	应用文
	第 4 节	传感器	液压传动	金属工艺	传感器	应用文
午休						
下午	第 5 节	体育	机械基础	液压传动	机械基础	班级活动
	第 6 节	体育	机械基础	液压传动	机械基础	班级活动
	第 7 节	自习	机械基础	液压传动	机械基础	班级活动

图 3-5-27

1）新建Word空白文档，输入标题文字“课程表”并回车。

2）单击“插入”选项卡→“表格”组→“表格”按钮→“插入表格”命令，弹出“插入表格”对话框，在对话框中输入列数6、行数8，如图3-5-28所示，单击“确定”按钮，效果如图3-5-29所示。

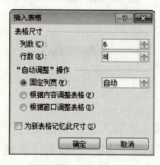

图 3-5-28

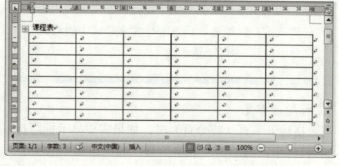

图 3-5-29

3）按照图3-5-30所示内容在表格中输入文字。

课程表

	星期一	星期二	星期三	星期四	星期五
第 1 节	金属工艺	CAD	职业生涯	CAD	英语
第 2 节	金属工艺	CAD	职业生涯	CAD	英语
第 3 节	传感器	液压传动	金属工艺	传感器	应用文
第 4 节	传感器	液压传动	金属工艺	传感器	应用文
第 5 节	体育	机械基础	液压传动	机械基础	班级活动
第 6 节	体育	机械基础	液压传动	机械基础	班级活动
第 7 节	自习	机械基础	液压传动	机械基础	班级活动

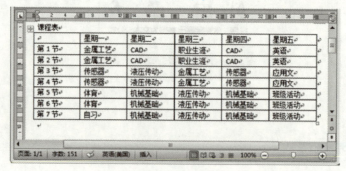

图 3-5-30

4）单击“第5节”所在行的任意一个单元格，将插入点光标定位到该行中。

5)单击"表格工具"的"布局"选项卡→"行和列"组→"在上方插入"按钮,就在"第5节"上方插入了一个新行,按图3-5-31所示输入文字。

6)单击第1列中任意一个单元格,将插入点光标定位到第1列中。

7)单击"表格工具"的"布局"选项卡→"行和列"组→"在左侧插入"按钮,就在第1列左边插入了一个新列,按图3-5-31所示输入文字。

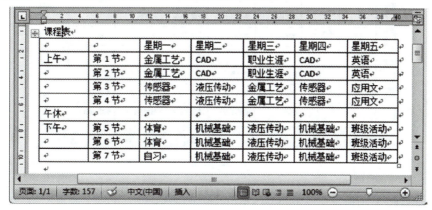

图 3-5-31

8)选定表格第1行,单击"表格工具"的"布局"选项卡→"表"组→"属性"按钮,打开"表格属性"对话框;在对话框中单击"行"选项卡,选择"固定高度"复选框,输入指定高度2厘米,如图3-5-32所示。选定表格第2~9行,单击"表格工具"的"布局"选项卡→"表"组→"属性"按钮,打开"表格属性"对话框;在对话框中单击"行"选项卡,选择"指定高度"复选框,输入指定高度1厘米。

9)选定表格第1~2列,单击"表格工具"的"布局"选项卡→"表"组→"属性"按钮,打开"表格属性"对话框;在该对话框中单击"列"选项卡,选择"指定宽度"复选框,输入指定宽度2厘米,如图3-5-33所示。选定表格第3~7列,单击"表格工具"的"布局"选项卡→"表"组→"属性"按钮,打开"表格属性"对话框;在该对话框中单击"列"选项卡,选择"指定宽度"复选框,输入指定宽度2.5厘米,效果如图3-5-34所示。

图 3-5-32

图 3-5-33

图 3-5-34

10）选定第1行的两个空白单元格，单击"表格工具"的"布局"选项卡→"合并"组→"合并单元格"按钮，即将两个单元格合并成一个单元格。选定"午休"一行，单击"表格工具"的"布局"选项卡→"合并"组→"合并单元格"按钮，即将一行单元格合并成一个单元格。按图3-5-35所示将"上午"及"下午"多个单元格合并。

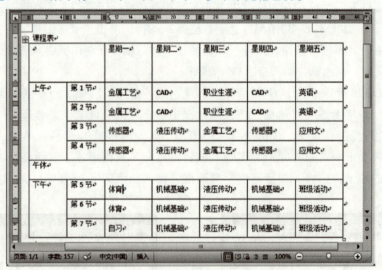

图 3-5-35

11）选定表格，单击"表格工具"的"布局"选项卡→"对齐方式"组→"水平居中"按钮。

12）选定第1列中的所有单元格，单击"表格工具"的"设计"选项卡→"表格样式"组→"底纹"命令，打开"底纹"列表。在"底纹"列表中，选中"深蓝，文字2，淡色60%"，为第一行单元格填充颜色。

13）选定整个表格，单击"表格工具"的"设计"选项卡→"表格样式"组→"边框"

命令，在"边框"列表中选择"边框和底纹"按钮，打开"边框和底纹"对话框，在"边框和底纹"对话框中选择颜色"深蓝"，宽度选择"1.5磅"，单击"确定"按钮，为表格添加了边框，效果如图3-5-36所示。

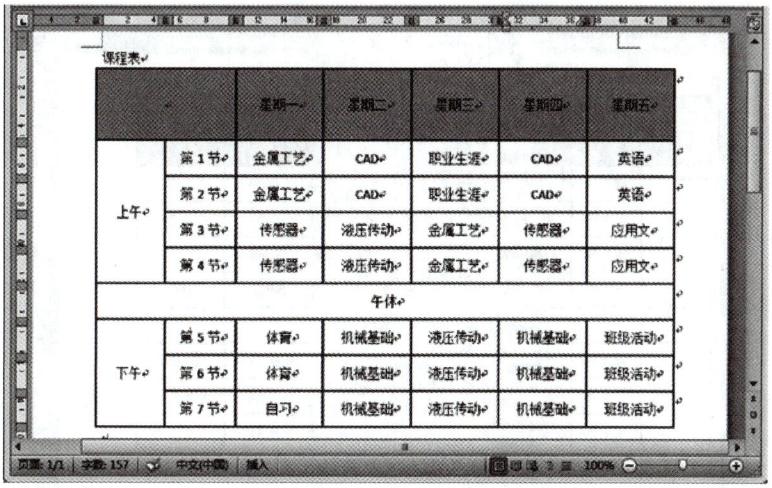

图3-5-36

14）选定标题文字"课程表"，选择字体"三号"，字形"加粗"，对齐方式"居中"。

15）选定整个表格，单击"表格工具"的"布局"选项卡→"表"组→"属性"按钮，打开"表格属性"对话框；在对话框中单击"表格"选项卡，在"对齐方式"中选择"居中"选项，如图3-5-37所示。再单击"确定"按钮，将表格置于文档中间。

图3-5-37

16）在第一个单元格中制作一个斜线表头，如图3-5-38所示。

第1步：将光标定位于第一个单元格，单击"插入"选项卡→"插图"组→"形状"命令按钮→"直线"按钮，在单元格中绘制两条斜线，如图3-5-39所示。

图3-5-38

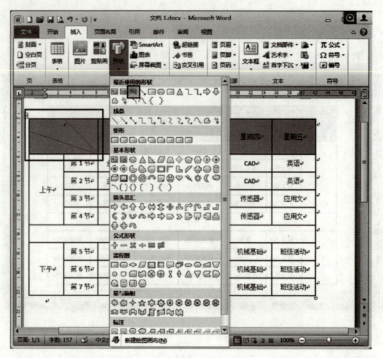

图 3-5-39

第2步：按住Shift键不放，鼠标左键依次单击两条斜线，单击"绘图工具"的"格式"选项卡→"形状样式"→"形状轮廓"命令按钮 →"深蓝"按钮，再次单击"绘图工具"的"格式"选项卡→"形状样式"→"形状轮廓"命令按钮 →"粗细"命令→"1.5磅"按钮，如图3-5-40所示。

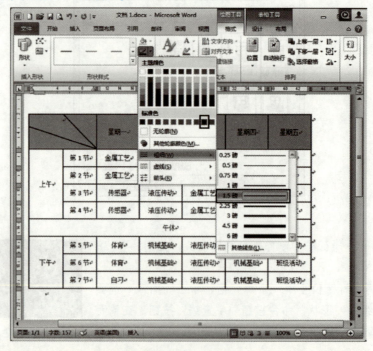

图 3-5-40

第3步：单击"插入"选项卡→"文本"组→"文本框"命令按钮→"绘制文本框"按钮，在单元格中绘制一个文本框，设置轮廓和填充色为"无色"，如图3-5-41所示，依次复制5个文本框并调整位置，如图3-5-42所示。

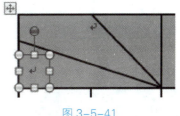

图 3-5-41

第4步：依次在文本框中输入标题文字，并调整文本框大小及位置，如图3-5-43所示。

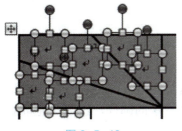

图 3-5-42

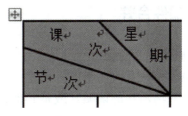

图 3-5-43

第5步：按住Shift键不放，鼠标左键依次单击"斜线"和"文本框"，选中所有的"斜线"和"文本框"，单击"绘图工具"的"格式"选项卡→"排列"组→"组合"按钮，如图3-5-44所示，将其组合为一个整体，效果如图3-5-45所示。

17) 单击"快速访问工具栏"的"保存"按钮，输入文件名"课程表"，单击"确定"。

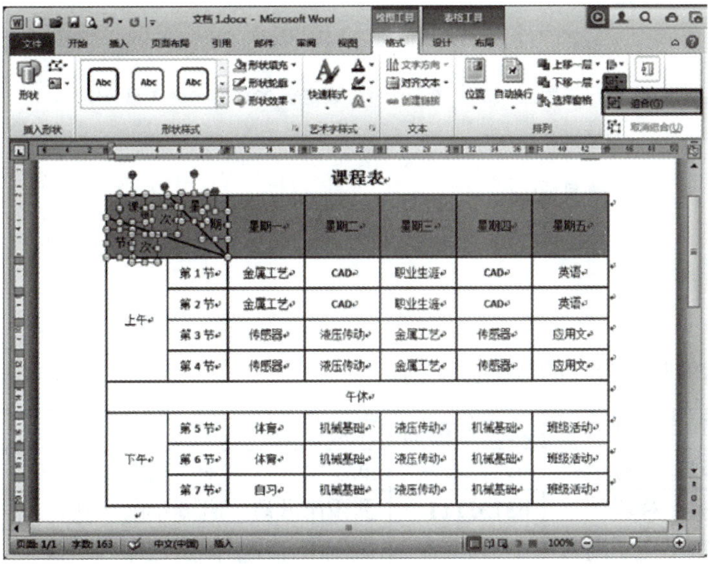

图 3-5-44

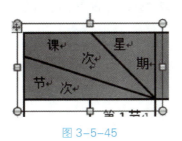

图 3-5-45

任务6　录取通知书

6.1　邮件合并

1．邮件合并的概念

邮件合并的目的在于加速创建一个文档并发送给多个人的过程。如果想要发送录取通知书、一场婚礼的请帖，或是其他任何需要批量发送的邮件，这项功能帮助节约大量的时间。

使用邮件合并功能需要两个文档：主文档和数据源文档。其中主文档中包含了合并文档中相同的文字和图形，而数据源文档包括合并文档中的互不相同的内容。

图3-6-1所示为邮件合并的主文档。

工业学校 2015 届录取通知书

同学：

　　你好！

　　你已被我校　　班　　专业录取，现定于 2015 年 9 月 1 日开学。

　　请准时前来报到！

　　咨询电话：

2015 年 8 月 20 日

图 3-6-1

图3-6-2所示为邮件合并的数据源文档。

姓名	班级	专业	班主任电话	家庭住址	邮编
周晓丽	15351	计算机	63792222	武汉市江汉区中山右巷13号	430000
李子健	15331	模具	63791111	武汉市武昌区晒湖小区 4 栋	430000
吴荣	15371	电子商务	63798888	武汉市江汉区前进二路 38 号	430000
周威	15362	数控	63799999	武汉市新洲区小河西路 1 号	430000
姜明明	15313	汽修	63793333	武汉市青山区白玉山 7 街 132 门 3 号	430000

图 3-6-2

图3-6-3所示为邮件合并的最终效果。

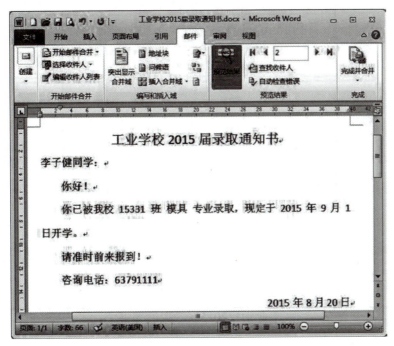

图 3-6-3

2．邮件合并的过程

（1）创建主文档

创建主文档即是录入、编辑具有相同内容的邮件合并部分。新建一个Word空白文档，在文档中输入给每一位收件人的信函中都包含的内容并设置好格式。

（2）创建数据源文件

在Word中将合并文档中互不相同的内容创建为表格。

（3）合并邮件

单击"邮件"选项卡，打开"邮件"功能区，如图3-6-4所示。通过对"创建"组、"开始邮件合并"组、"编写和插入域"组、"预览结果"组及"完成"组的操作，完成邮件合并。

图 3-6-4

任/务/实/施

任务目标：制作一份如图3-6-3所示的录取通知书，并按图3-6-2所示通讯录地址制作如图3-6-5所示的信封，将录取通知书邮寄给被工业学校录取的同学们！

图 3-6-5

1）新建一个Word文档，输入以下内容，并将文档保存为"工业学校2015届录取通知书.docx"。

工业学校2015届录取通知书

同学：

你好！

你已被我校班专业录取，现定于2015年9月1日开学。

请准时前来报到！

咨询电话：

2015年8月20日

2）创建数据源文档。

第1步：新建一个空白Word文档。

第2步：单击"插入"选项卡→"表格"组→"表格"命令按钮→"插入表格"棋盘格，创建一个6行4列的空白表格。

第3步：在表格中录入数据并调整好表格的宽度，最终效果如图3-6-6所示。

图 3-6-6

第4步：单击"保存"按钮，将表格以"通讯录"为名保存。

3）录取通知书邮件合并。

第1步：打开主文档"工业学校2015届录取通知书.docx"。

第2步：单击"邮件"选项卡→"开始邮件合并"组→"开始邮件合并"命令按钮→"信函"按钮，如图3-6-7所示。

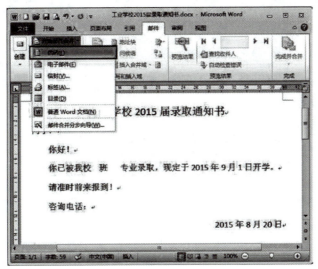

图3-6-7

第3步：单击"邮件"选项卡中的"开始邮件合并"组→"选择收件人"命令按钮→"使用现有列表"按钮，打开"选取数据源"对话框，在"查找范围"下拉列表中找到存放的"数据源文档"→"通讯录.docx"，双击打开，如图3-6-8所示。

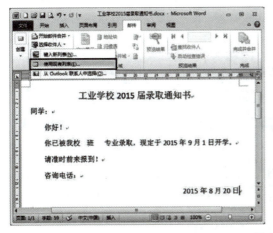 

图3-6-8

第4步：单击"邮件"选项卡中的"开始邮件合并"组→"编辑收件人列表"按钮，打开"邮件合并收件人"对话框，如图3-6-9所示。该对话框中列出了数据源文件中的一条条记录，记录前的小方块中有对号"√"，表明已选中这些收件人；如果不想给某个收件人寄信，可以单击记录前的复选框，取消复选框中的对号。选中收件人后单击"确定"按钮，返回到主文档中。

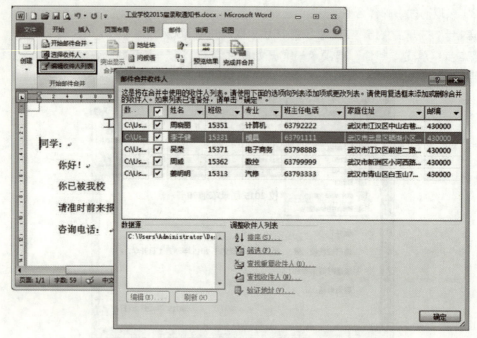

图 3-6-9

第5步：将鼠标指针移到文档中"同学"两个字的前面单击，将插入点光标定位到这里，然后单击"邮件"选项卡→"编写和插入域"组→"插入合并域"列表→"姓名"按钮，插入《姓名》域，如图3-6-10所示。

第6步：使用相同的方法，将"班级"字段、"专业"字段、"班主任电话"字段分别插入主文档中合适的地方，插入后的效果如图3-6-11所示。现在，六份通知书就已经生成了。

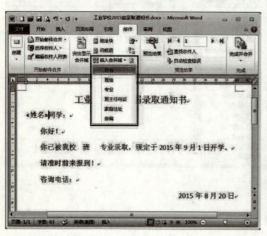

图 3-6-10

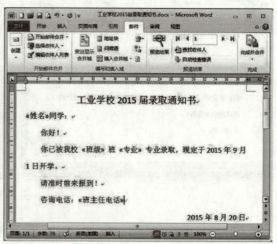

图 3-6-11

第7步：单击"邮件"选项卡中的"预览结果"组→"预览结果"按钮后，再单击"预览结果"组中的 按钮,可以检查用邮件合并功能所生成的录取通知书函,如图3-6-12所示。

第8步:单击"邮件"选项卡中的"完成"组→"预览并合并"命令按钮→"编辑单个文档"按钮,如图3-6-13所示,打开"合并到新文档"对话框;单击对话框中的"全部"单选按钮,再单击"确定"按钮,如图3-6-14所示,Word就会将这些录取通知书合并到一个新文档中。

图3-6-12

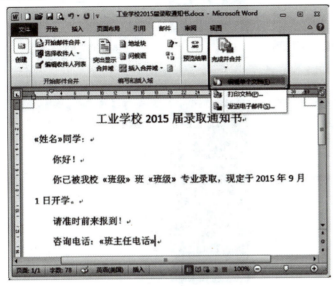

图3-6-13

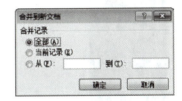

图3-6-14

第9步:单击快速访问工具栏中的"保存"按钮,将文档保存为"录取通知书.docx"。

4)信封邮件合并。

第1步:新建一个Word文档。

第2步:单击快速访问工具栏中的"新建"按钮,单击"邮件"选项卡→"创建"组→"中文信封"按钮,如图3-6-15所示,弹出"信封制作向导"对话框,如图3-6-16所示。

图3-6-15

第3步:按"信封制作向导"单击"下一步"按钮,依次完成步骤"开始"(如图3-6-16所示)、"选择信封样式"(如图3-6-17所示)、"选择生成信封的方式和数量"(如图3-6-18所示)、"输入收件人信息"(如图3-6-19所示)、"输入寄件人信息"(如图

3-6-20所示）等的设置。

图 3-6-16

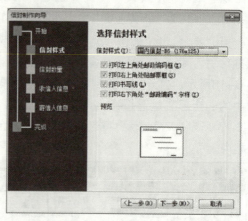

图 3-6-17

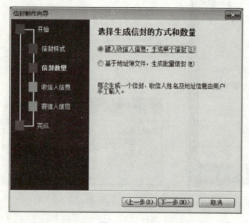

图 3-6-18

图 3-6-19

第4步：单击"信封制作向导"中最后一步"完成"，如图3-6-21所示，完成信封制作，生成如图3-6-22所示信封。

图 3-6-20

图 3-6-21

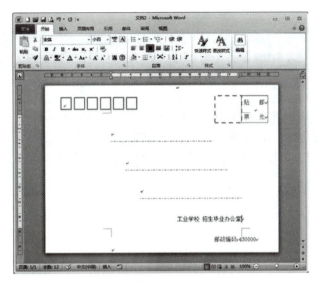

图 3-6-22

第5步：单击"邮件"选项卡中的"开始邮件合并"组→"选择收件人"命令按钮→"使用现有列表"按钮，打开"选取数据源"对话框。在"查找范围"下拉列表中找到存放的"数据源文档"→"通讯录.docx"，再单击打开它。

第6步：将光标插入点定位到"邮编"框处，然后单击"邮件"选项卡→"编写和插入域"组→"插入合并域"列表→"邮编"按钮，插入"《邮编》"域。

第7步：将光标插入点定位到"虚线行"的第一行，然后单击"邮件"选项卡→"编写和插入域"组→"插入合并域"列表→"家庭地址"按钮，插入"《家庭地址》"域。

第8步：将光标插入点定位到"虚线行"的第二行，然后单击"邮件"选项卡→"编写和插入域"组→"插入合并域"列表→"姓名"按钮，插入"《姓名》"域。

第9步：单击"邮件"选项卡中的"完成"组→"预览并合并"命令按钮→"编辑单个文档"按钮，打开"合并到新文档"对话框；单击对话框中的"全部"单选按钮，再次单击"确定"按钮，Word就会将所有信封合并到一个新文档中。

第10步：单击快速访问工具栏中的"保存"按钮，将文档保存为"信封.docx"。

项目四　电子表格Excel 2010

Excel 2010是Office 2010系列的一个应用程序，它具有强大的制作电子表格和处理数据的功能，能快速计算并分析数据信息，提高工作效率。学校在进行学生信息管理时，可使用Excel制作并处理数据，本项目学习Excel在学生信息管理方面的应用。

任务1　制作学生信息表

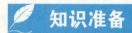

1.1　编辑工作表

1．认识Excel 2010界面

在使用Excel 2010之前，首先要了解其操作环境，现在就请你进入Excel 2010，来认识一下其工作环境。

第1步：单击"开始"按钮，出现"开始"菜单。
第2步：单击"所有程序"，出现"程序"选项。
第3步：单击"Microsoft office"。
第4步：单击"Microsoft office Excel 2010"，进入Excel操作环境。

【Excel 2010环境简介】
如图4-1-1所示。

① 快速访问工具栏：该工具栏位于工作界面的左上角，包含一组用户使用频率较高的工具，如"保存""撤销"和"恢复"。用户可单击"快速访问工具栏"右侧的倒三角按钮，在展开的列表中选择要在其中显示或隐藏的工具按钮。

② 功能区：位于标题栏的下方，是一个由9个选项卡组成的区域。Excel 2010将用于处

理数据的所有命令组织在不同的选项卡中。单击不同的选项卡标签，可切换功能区中显示的工具命令。在每一个选项卡中，命令又被分类放置在不同的组中。组的右下角通常都会有一个对话框启动器按钮，用于打开与该组命令相关的对话框，以便用户对要进行的操作做更进一步的设置。

③ 编辑栏：编辑栏主要用于输入和修改活动单元格中的数据。当在工作表的某个单元格中输入数据时，编辑栏会同步显示输入的内容。

④ 工作表编辑区：用于显示或编辑工作表中的数据。

⑤ 工作表标签：位于工作簿窗口的左下角，默认名称为Sheet1，Sheet2，Sheet3，…，单击不同的工作表标签，可在工作表间进行切换。

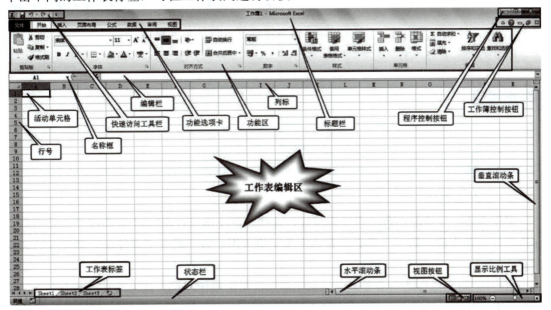

图 4-1-1

2．输入文字

在Excel 2010环境下，每一个"单元格"都代表一笔数据，可输入的数据格式包括文字、数字、函数、日期等，在输入完毕后，便能利用Excel的各种功能进行计算、整合或排序等，现在就让我们开始输入如图4-1-2所示数据。

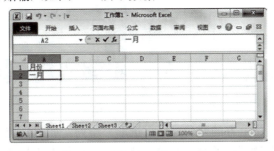

图 4-1-2

第1步：选取A1单元格，在单元格"名称框"中会显示当前的地址。

第2步：输入"月份"，输入内容的同时，所输入的数据会出现在"编辑栏"中。

> **注意**
>
> 编辑单元格的内容数据有下列几种方式：
> ① 在欲编辑数据的单元格上双击，或按一下"F2"功能键。
> ② 将光标放在欲编辑数据的单元格上，直接在"编辑栏"中输入数据。
> ③ 利用鼠标单击欲编辑数据的单元格，直接输入新数据，再按下"Enter"键，即可将旧的数据覆盖掉。

第3步：输入完成，按"Enter"键，即会移到下一行的单元格中。
第4步：输入"一月"。

> **注意**
>
> 当单元格内容数据输入错误时，可以按"Delete"键，直接删除单元格内容或者执行"编辑"组→"清除"菜单→"清除内容"命令。

3．选取单元格

工作表由一大堆的白色小格子所组成，这些白色小格子在Excel中被称作"单元格"。在执行任何动作前，第一步都必须先选定单元格范围，以下将介绍多种单元格范围的选取方式。

第1步：将光标移动至需要选定的单元格上，单击鼠标左键，此时单元格上会围绕一圈黑框，表示此单元格已被选取，如图4-1-3所示。

第2步：按一下单元格左方的行号，即可选取一整行，如图4-1-4所示。

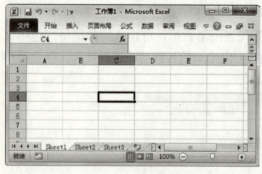

图 4-1-3

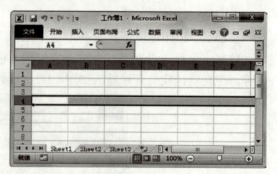

图 4-1-4

第3步：按一下单元格上方的列名，即可选取一整列，如图4-1-5所示。
第4步：将光标放在欲选取的第一个单元格，按住鼠标左键拖曳，可选取连续单元格的范围，如图4-1-6所示。

图 4-1-5

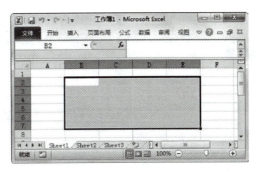

图 4-1-6

> **注意**
>
> 当选取单元格范围后，第一个被选取的单元格为活动单元格，在名称框中会显示此单元格的列名及行号。活动中单元格显示为白色而其余的单元格则为蓝紫色。

第5步：若要选取不连续的单元格范围，只需将鼠标放在欲选取的单元格上，并按住"Ctrl"不放，再拖曳选取其他的单元格即可，如图4-1-7所示。

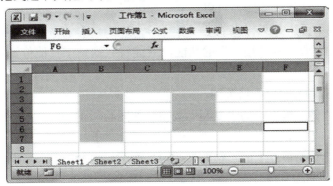

图 4-1-7

4．修改、清除单元格内容

输入数据后，若发现错误或想修改单元格内容，必须先单击单元格，再至编辑栏进行修改。清除单元格内容和删除单元格不同，前者是将单元格内容的数据清除，行列位还是存在，而后者是将整个行或列从工作表中完全删除。

第1步：选取A1单元格。

第2步：在编辑栏上单击，进入编辑栏的编辑状态。

第3步：修改单元格的内容，如图4-1-8所示。

第4步：选取C2：C10单元格区域。

第5步：执行"开始"选项卡→

> **注意**
>
> 也可以在选取的单元格中双击，然后直接在单元格中修改文字。

"编辑"组→"清除"菜单→"全部清除"命令，如图4-1-9所示。

图4-1-8

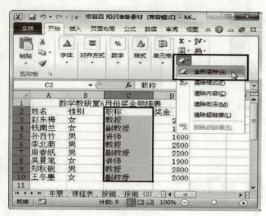

图4-1-9

第6步：选取的单元格内容已被清除了。

5．使用复制、粘贴功能

Excel 2010的"复制"功能，可以将资料直接复制到单元格、工作表或是另一个工作簿，只需要配合"粘贴"的功能，就能将数据贴于其他位置使用，免除了重复输入资料的麻烦。

> **注意**
>
> 也可以按下"Del"键，清除单元格内容。

第1步：选取A2：D2的单元格范围。

第2步：单击"剪贴板"上的"复制"按钮，如图4-1-10所示。

第3步：选取A12单元格。

第4步：单击"剪贴板"上的"粘贴"按钮，如图4-1-11所示。

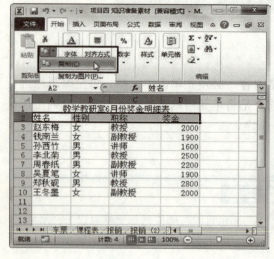

图4-1-10

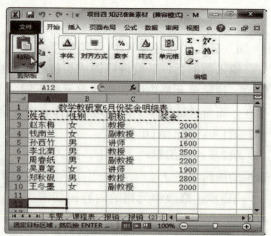

图4-1-11

第5步：完成第一次单元格复制。

第6步：选取A13单元格。

第7步：单击"剪贴板"上的"粘贴"按钮。

第8步：完成第二次复制。

6．插入及删除单元格、行与列

完成一份工作表后，可能由于某种原因需要变更原来的工作表结构。Excel提供了各种功能，可以轻松地改变工作表结构。

> **注意**
> 执行"复制"命令时，在选取的来源单元格四周会出现虚线，可以继续选择欲粘贴的位置进行复制，完成后按一下"Esc"键或"Enter"键即可取消该虚线。

第1步：选取A5单元格。

第2步：执行"开始"选项卡→"单元格"组→"插入"菜单→"插入工作表行"命令，如图4-1-12所示。

第3步：在A6和A4单元格之间新增了一行。

> **注意**
> 在插入行之前选取几行就会插入几行，若在插入行之前没有设定新增的行数，则Excel会在最后单击的单元格位置上方插入一行；插入列的方式也相同。

第4步：选取C2单元格。

第5步：执行"开始"选项卡→"单元格"组→"删除"菜单→"删除工作表列"命令，如图4-1-13所示。

第6步：刚刚的C列（"职称"列）已被删除，而右边的列会自动往前补上。

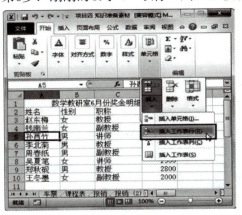

图 4-1-12

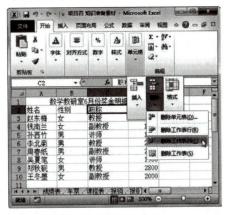

图 4-1-13

7．调整列宽与行高

在编辑工作表的过程中，经常会碰到单元格的宽度无法完全显示所输入的数据，这时为了使工作表更加美观，就必须学会如何调整行高与列宽。

第1步：选取A～D列。

第2步：执行"开始"选项卡→"单元格"组→"格式"菜单→"列宽"命令，如图

4-1-14所示，出现"列宽"对话框。

第3步：在"列宽"文本框中输入"15"。

第4步：单击"确定"按钮。

> **注意**
>
> Excel还有"最适合的列宽"功能，可以执行"格式"→"列"→"最适合的列宽"菜单命令或将光标移至该字段右方，当鼠标变成✚形状时，连续单击两下鼠标左键，Excel则会依单元格内的数据自动调整各列的宽度。

第5步：选取2～10行。

第6步：执行"开始"选项卡→"单元格"组→"格式"菜单→"行高"命令，如图4-1-15所示，出现"行高"对话框。

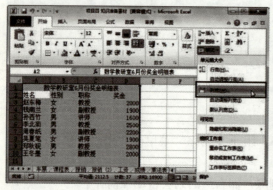

图 4-1-14

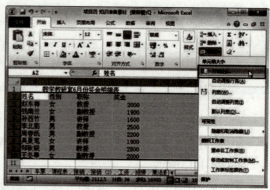

图 4-1-15

第7步：在"行高"文本框中输入"24"。

第8步：单击"确定"按钮。

第9步：完成列宽与行高的调整。

8．使用序列及自动填充

当想输入一个连续的序列时，并不需要将数据逐一键入，Excel提供了"自动填充"的功能，能帮快速地输入数据以节省时间。

第1步：选取A1单元格，在单元格中输入"一月"。

第2步：将鼠标移至A1单元格右下角的"填充柄"，此时鼠标会变为✚形状。

> **注意**
>
> 自动填充单元格，也会将单元格格式一并复制到填充范围。

第3步：按住鼠标左键向下拖曳至A12单元格，如图4-1-16所示，单元格内已填满二月到十二月。

第4步：选取B12单元格，在单元格中输入"30"。

第5步：选取B12：G12单元格。

第6步：执行"开始"选项卡→"编辑"组→"填充"菜单→"系列"命令，如图4-1-17

所示，出现"序列"对话框。

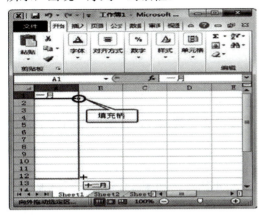

图 4-1-16

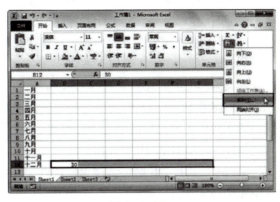

图 4-1-17

第7步：在"类型"中单击选择"等差序列"项。

第8步：在"步长值"中输入"2"。

第9步：单击"确定"按钮。

第10步：单元格内已填充了一个连续性的序列。

1.2 格式化工作表

1．设定字体格式

当制作好一份工作表后，可以通过设定单元格格式来使工作表更加美观。在Excel 2010中，单元格内提供了相当多的格式设定，可以搭配各式各样的格式变化，来使工作表变得多姿多彩。

第1步：选取A1：D1单元格。

第2步：单击"开始"选项卡→"字体"组右下角小箭头，如图4-1-18所示，出现"设置单元格格式"对话框。

第3步：单击"字体"选项卡，如图4-1-19所示。

图 4-1-18

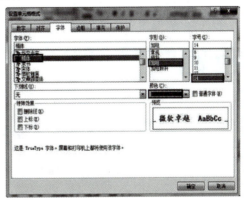

图 4-1-19

第4步：在"字体"列表中选择"楷体"。
第5步：在"字形"列表中选择"加粗"。
第6步：在"字号"列表中选择"14"。
第7步：在"颜色"下拉列表中选择"绿色"。
第8步：最后单击"确定"按钮。

2．设定数字格式

我们常常利用Excel来制作一些报表，因此除了设定文字数据外，设定适当的数字格式使得数字间的差异更加清晰也十分重要。

第1步：选取B2：H6单元格。
第2步：单击"开始"选项卡→"数字"组右下角小箭头，如图4-1-20所示，出现"设置单元格格式"对话框。
第3步：单击"数字"选项卡，如图4-1-21所示。

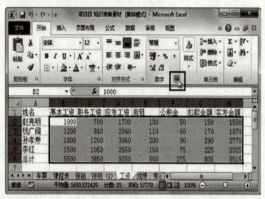

图4-1-20

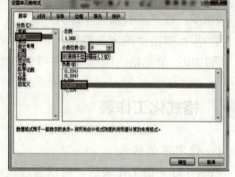

图4-1-21

第4步：在"分类"列表中选择"数值"。"分类"列表中还可设定多种数字格式，其设定方式和数值相同。
第5步：选择小数位数为"0"。
第6步：勾选"使用千位分隔符（，）"。
第7步：选择"负数表示方式"。
第8步：最后单击"确定"按钮。

> **注意**
>
> 也可以利用格式工具栏上的"数字格式"按钮来设定数字格式，如图4-1-22所示。
>
>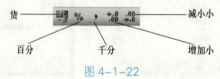
>
> 图4-1-22

3. 设定单元格对齐方式

单元格格式除了可以设定文字的特殊效果之外，还可以指定文字在单元格中的对齐方式，使整个工作表看起来井然有序，更加美观。

第1步：选取A1:D9单元格。

第2步：单击"开始"选项卡→"对齐方式"组右下角小箭头，如图4-1-23所示，出现"设置单元格格式"对话框。

第3步：单击"对齐"选项卡，如图4-1-24所示。

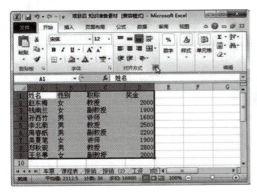

图 4-1-23

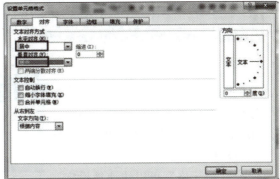

图 4-1-24

第4步：在"水平对齐"下拉列表中，选择文字对齐方式为"居中"。

> **注意**
>
> 若设定水平对齐方式为"填充"，需注意选定范围内所有要填充的单元格都必须是空的。

第5步：在"垂直对齐"下拉列表中，选择文字对齐方式为"居中"。

第6步：最后单击"确定"按钮。

4. 设定单元格框线

工作表内的数据量过于庞大时，可能会造成阅读上的困难，但如果在工作表中加上框线来区隔每一笔数据，不仅可让数据更加明显，而且可使工作表更有条理。

第1步：选取A2:D10单元格。

第2步：执行"开始"选项卡→"单元格"组→"格式"菜单→"设置单元格式"命令，如图4-1-25所示，出现"单元格格式"对话框。

第3步：单击"边框"选项卡，如图4-1-26所示。

第4步：在"颜色"下拉列表中选择"蓝色"。

第5步：在"样式"中选择"双条线"。

第6步：单击"预置"中的"外边框"按钮。

第7步：在"样式"中选择"虚线"。

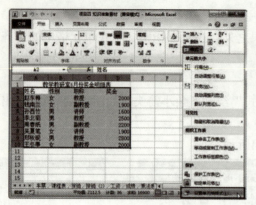
图 4-1-25

图 4-1-26

第8步：单击"预置"中的"内部"按钮。

第9步：单击"确定"按钮。

5．合并单元格

> **注 意**
>
> 若选取的是单一单元格，则"内部"这一项会失效。

"合并单元格"可以快速地设定所需的字段宽度及高度，以达到美化工作表及完整地呈现数据内容的目的。当将多个单元格合并为一个单元格后，也使得单元格的格式设置变得更为简便。

第1步：选取A1：H1单元格。

第2步：执行"开始"选项卡→"对齐方式"组右下角小箭头，如图4-1-27所示，出现"设置单元格格式"对话框。

第3步：单击"对齐"选项卡，如图4-1-28所示。

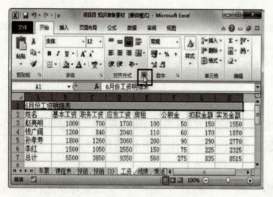
图 4-1-27

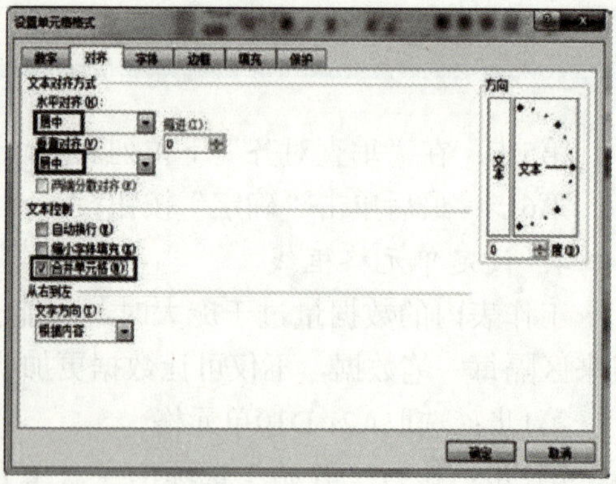

图 4-1-28

第4步：在"水平对齐"下拉列表中，选择文字对齐方式为"居中"。

第5步：在"垂直对齐"下拉列表中，选择文字对齐方式为"居中"。

第6步：在"文本控制"中勾选"合并单元格"。

第7步：单击"确定"按钮。

第8步：A1：H1单元格已合并为一个单元格，单元格的内容也已"居中"对齐。

> **注意**
>
> 在"格式"工具栏上单击"合并后居中" 按钮,则所选取的单元格将合并为一个单元格,而且单元格内容也会"居中"对齐。

6. 查找与替换单元格内容

当工作表内的数据越来越多时,有时为了其中的某一个数据,必须耗费相当长的时间逐一查看,但现在将可通过"查找"的功能快速地寻找到数据。另外,配合"替换"功能,还可以对找到的资料进行修改。

第1步:执行"开始"选项卡→"编辑"组→"查找和选择"菜单→"替换"命令,如图4-1-29所示,出现"查找和替换"对话框。

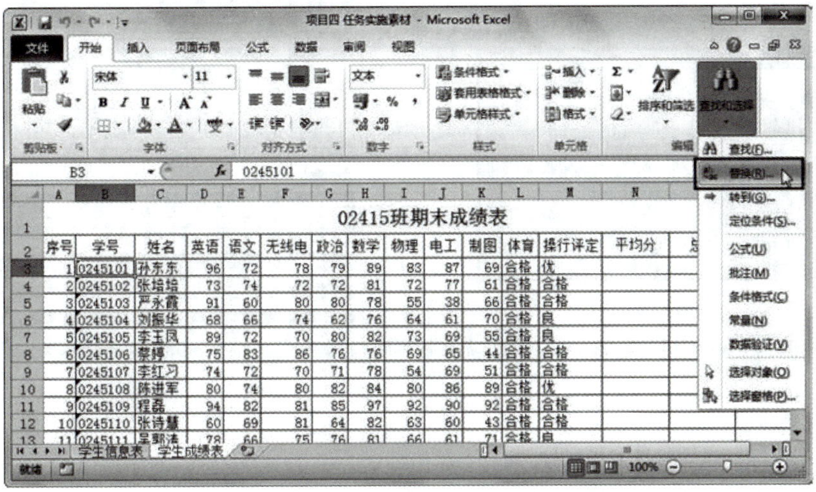

图 4-1-29

第2步:在"查找内容"中输入"02451"。

第3步:在"替换内容"中输入"02362"。

第4步:单击"选项"按钮,再在"搜索"下拉列表中选择"按行"。

第5步:单击"全部替换"按钮,如图4-1-30所示。

图 4-1-30

> **注意**
>
> 在"查询"对话框中,也可以勾选"区分大小写""单元格匹配"及"区分全/半角"等项,来缩小搜寻的范围。

第10步：出现搜寻完毕窗口，单击"确定"按钮，并关闭"查找和替换"对话框。

第11步：回到工作表，已全部替换完成。

7. 自动套用格式

Excel中带有多种表格的样式，只要将单元格的数据先建立好，再套用Excel提供的不同的格式，就可以一次设好表格样式，不但不必再为表格格式伤脑筋，还可节省不少时间。

第1步：选取整个单元格。

第2步：执行"开始"选项卡→"样式"组→"套用表格格式"命令，出现下拉列表样式可供选择，如图4-1-31所示。

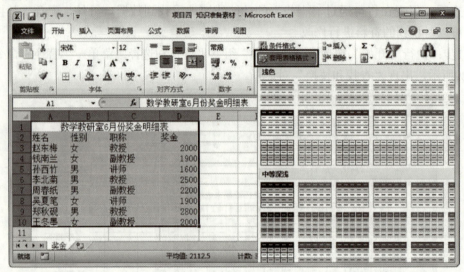

图 4-1-31

第3步：选择"表样式浅色9"。

第4步：弹出"套用表格式"对话框，确认表数据来源，单击"确定"按钮。

1.3 管理工作簿

1. 新增、删除工作表

每当打开新的工作簿文件时，系统预设新文件内含有三张工作表，但也可以根据需要在Excel文件中自行增加或删除工作表。

第1步：选取欲新增工作表位置右边的"工资"工作表标签。

第2步：执行"开始"选项卡→"单元格"组→"插入"菜单→"插入工作表"命令，如图4-1-32所示；或是在工作表标签上单击鼠标右键，选择"插入"命令，也可新增工作表。

第3步：在"工资"工作表左边新增一张空白工作表。

第4步：选取欲删除的"成绩"工作表标签。

第5步：执行"开始"选项卡→"单元格"组→"删除"菜单→"删除工作表"命令，如图4-1-33所示；或是在工作表标签上单击鼠标右键，选择"删除"命令，也可删除工作表。

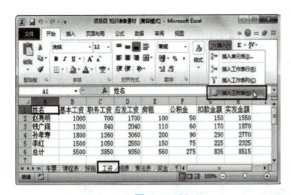
图 4-1-32

图 4-1-33

2. 移动、复制工作表

在管理工作表时，可以根据需要移动工作簿中的某一张工作表至其他位置，并且可在工作簿中利用工作表的"复制"功能产生一份新的工作表。

第1步：将光标移至"工资"工作表标签上。

第2步：按住鼠标左键，此时光标会变成 形状，按住鼠标左键，拖曳至"车票"和"课程表"中间，再放开鼠标左键，如图4-1-34所示。

> **注意**
>
> 鼠标拖曳至适当位置时，在工作表标签上会出现一个三角形标识，表示目前工作表被搬移至什么位置。

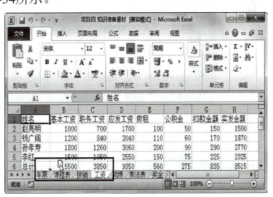
图 4-1-34

第3步：工作表"工资"已被搬移至"车票"和"课程表"中间。

第4步：将光标移至"成绩"工作表标签上。

第5步：按住鼠标左键及"Ctrl"键，此时光标会变成 形状，拖曳鼠标左键至"课程表"和"报销"中间，再放开鼠标左键，如图4-1-35所示。

第6步：工作表"成绩"已被复制，复制完成的工作表名称为"成绩（2）"。

3. 重命名工作表

之前介绍过在工作表的左下方有一列"工作表标签"，每一个工作表标签均代表

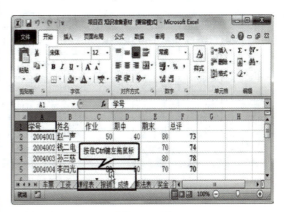
图 4-1-35

一个工作表,可通过标签来知道目前正在使用哪个工作表。此外,还可以重新命名工作表标签,简要标识此工作表的用途,以便日后使用与管理工作表。

第1步:将光标移至"工资"工作表标签上,执行"开始"→"单元格"→"格式"→"重命名工作表"命令,如图4-1-36所示;或是在工作表标签上单击鼠标右键,选择"重命名工作表"命令。

第2步:此时工作表名称的文字将会被选取。

第3步:输入"6月份工资"。

第4步:按"Enter"键,完成工作表的重命名。

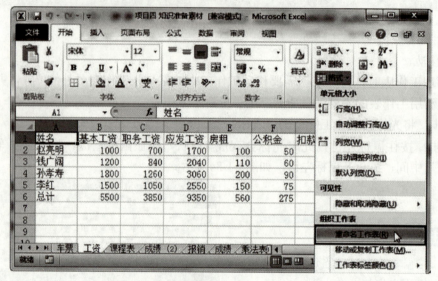

图 4-1-36

任/务/实/施

任务目标:按下列要求制作"02451班学生信息表",如图4-1-37所示。

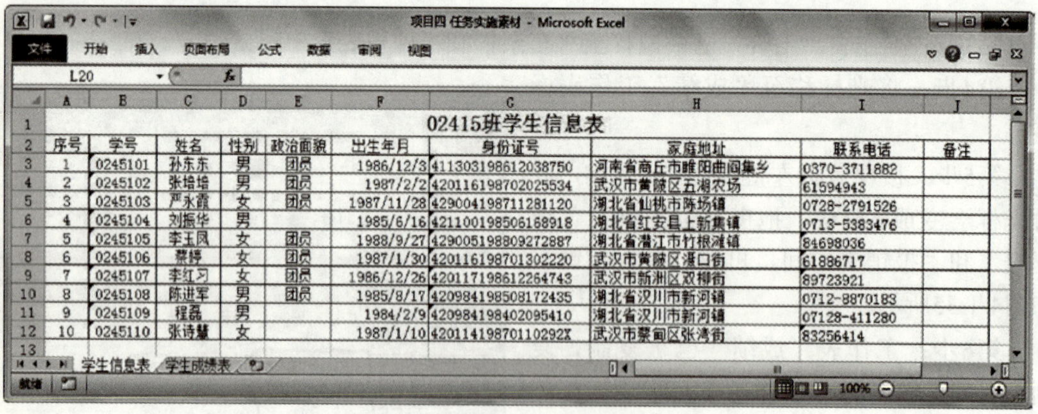

图 4-1-37

- 标题行:宋体,16号,合并居中对齐。

- 字段行：居中对齐，字段"学号""身份证号""联系电话"的记录类型为"文本型"；"出生年月"的记录类型为"日期型"；其他字段的记录类型为"常规型"。
- 表格区域：宋体，11号；行高13.5；"序号"列宽5，其他字段列宽不作要求；"序号""学号""姓名""性别""政治面貌"记录居中对齐，其他字段记录默认对齐。
- 添加表格边框。
- 命名表格标签名为："学生信息表"。

操作如下：

1）启动Excel 2010，选取A1单元格，单击"开始"选项卡→"字体"组，在"字体"列表中选择"宋体"，在"字号"列表中选择"16"，然后输入"02415班学生信息表"；选中A1：J1，并单击"开始"选项卡→"对齐方式"组→"合并后居中"命令，完成标题行的输入和设置。

2）将鼠标箭头移到行标2处，出现向右箭头时拖动至第12行选中第2～12行，单击"开始"选项卡→"字体"组，在"字体"列表中选择"宋体"，在"字号"列表中选择"11"，接着右击鼠标，在弹出的快捷菜单中选取"行高"命令，输入"13.5"，并按"确定"钮，完成记录区域字体、字号和行高设置。

3）选取A2～J2，分别输入"序号""学号""姓名"等字段名；选中A2：J2，单击"开始"选项卡→"对齐方式"组→"居中"命令，完成字段行的输入和设置。

4）选中A3：E12，单击"开始"选项卡→"对齐方式"组→"居中"命令，完成字段"序号"～"政治面貌"记录的居中对齐设置。

5）选取A3、A4，分别输入"1"和"2"，然后选取A3：A4，再拖动A4单元格右下角的填充柄至A12；将鼠标箭头移到列标A处，出现向下箭头时，单击选中A列，接着右击鼠标，在弹出的快捷菜单中选取"列宽"命令，输入"5"，并按"确定"按钮，完成"序号"列的输入和设置。

6）选取B3：B12，右击鼠标，在弹出的快捷菜单中选取"设置单元格格式"命令，在"设置单元格格式"对话框中选取"数字"选项卡中的"文本"，并按"确定"按钮。选取B3、B4，分别输入"0245101"和"0245102"，然后选取B3：B4，再拖动B4单元格右下角的填充柄至B12，完成"学号"列的输入和设置。

7）选取F3：F12，右击鼠标，在弹出的快捷菜单中选取"设置单元格格式"命令，在"设置单元格格式"对话框中选取"数字"选项卡中的"日期"，并按"确定"按钮，完成"出生年月"记录类型的设置。

8）分别选取G3：G12、I3：I12，右击鼠标，在弹出的快捷菜单中选取"设置单元格格式"命令，在"设置单元格格式"对话框中选取"数字"选项卡中的"文本"，并按"确定"按钮，完成"身份证号"和"联系电话"记录类型的设置。

9）完成其他字段记录的输入。

10）选取A2：J12，右击鼠标，在弹出的快捷菜单中选取"设置单元格格式"命令，在"设置单元格格式"对话框中选取"边框"选项卡"预置"中的"外边框"和"内部"，并按"确定"按钮，完成表格框线的设置。

11）右击工作表标签"sheet1"，在弹出的快捷菜单中选取"重命名"命令，更名为"学生信息表"，至此完成整个工作表的输入和设置。

任务2　制作学生成绩表

知识准备

2.1　使用公式

执行数值间的运算是Excel 2010最擅长的技术之一，在Excel中建立公式的方法有两种：一种为直接在单元格内输入运算公式，另一种则是使用"函数"来建立公式。直接输入公式的步骤如下。

第1步：选取F2单元格。

第2步：直接输入公式"=B2+C2+D2+E2"，如图4-2-1所示。建立公式的第一步一定要先输入"="符号，公式建立完成后，记得要按一下"Enter"键，或单击"输入" ✓ 按钮；如果要取消输入的公式，则单击"取消" ✗ 按钮。

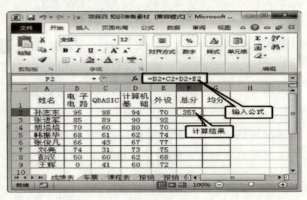

图4-2-1

```
=B2+C2+D2+E2————单元格名称

公式的必要符号　计算符号
```

> **注意**
> ① 在输入运算公式时，也可以直接用鼠标双击欲计算的单元格，来代替键盘的输入。
> ② 如果想要修改已经设定完成的公式，只需要在"数据编辑栏"上单击鼠标左键，即可进行修改的动作。
>
> ✗ ✓ f_x =B2+C2+D2+E2 ——数据编辑栏

2.2 使用函数

1. 使用"函数"来建立公式

第1步：选取G2单元格。

第2步：在编辑栏中输入"=",或单击"插入函数"按钮。

第3步：单击▼，再选取所需要的函数（例：求平均函数AVERAGE），如图4-2-2所示。

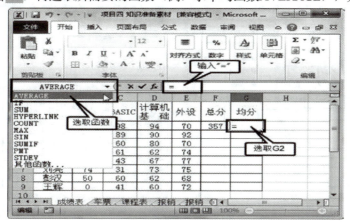

图 4-2-2

第4步：选取公式的计算范围B2：E2，如图4-2-3所示。

=AVERAGE（B2：E2）

求平均的单元格范围

第5步：单击"确定"按钮。

第6步：计算出结果，如图4-2-4所示。

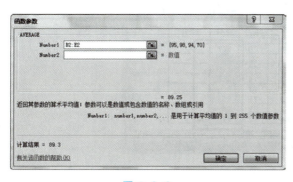

图 4-2-3

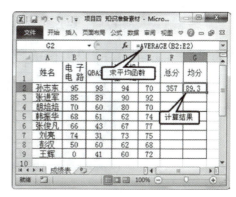

图 4-2-4

2. 使用自动求和

在Excel 2010的函数中，"自动求和"功能是最常用的，所以在工具栏上提供了一个按钮，可以方便又快速地使用"自动求和"功能。使用"自动求和"的步骤如下。

第1步：选取F2单元格。

第2步：执行"开始"选项卡→"编辑"组→"求和"菜单→"求和"命令，如图4-2-5所示。

第3步：出现虚线框，并选取欲求和的单元格范围，如图4-2-6所示。

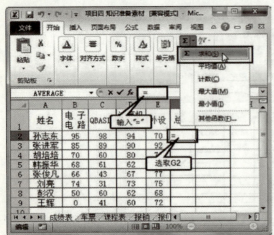
图 4-2-5

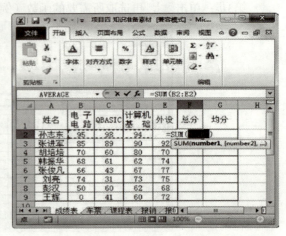
图 4-2-6

第4步：单元格会显示求和函数及其范围，确定无误后，按"Enter"键即可产生运算结果。

第5步：再次选取F2单元格，将光标移至F2右下角，出现 + 时，向下拖曳 + 至F9单元格，即可产生复制公式后的结果，如图4-2-7所示。

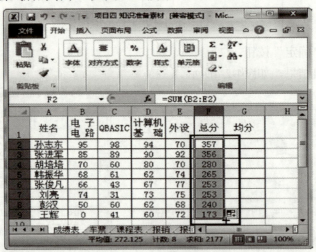
图 4-2-7

任务目标：按下列要求完成"02451班期末成绩表"的制作，如图4-2-8所示。

- 求N3～N12的平均分，保留1位小数。
- 求O3～O12的总分。
- 求D13～K13的最高分。
- 求D14～K14的最低分。
- 求P3～P12的名次。

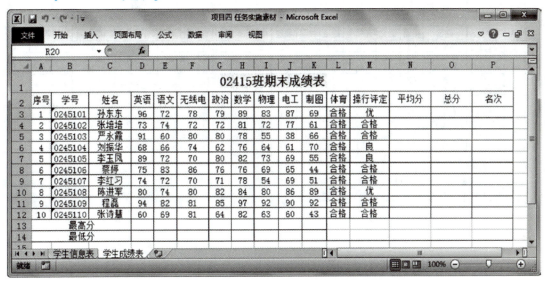

图 4-2-8

操作如下：

1）打开"素材\项目四\任务2\学生成绩表.xlxs"文件，选取N3，输入"="，单击编辑栏上插入函数按钮 fx。在弹出的"插入函数"对话框中，选取"AVERAGE"函数，将求值区域修改为D3：K3，按"确定"按钮。单击"开始"选项卡→"数字"组→"减少数据位数"命令，将小数位数调整为1位；拖动N3单元格右下角的填充柄至N12，完成N3～N12单元格求平均分的公式设定。

2）选取O3，输入"="，单击编辑栏上插入函数按钮 fx，在弹出的"插入函数"对话框中，选取"SUM"函数，将求值区域修改为D3：K3，按"确定"按钮；然后拖动O3单元格右下角的填充柄至O12，完成O3～O12单元格求总分的公式设定。

3）选取P3，输入"="，单击编辑栏上插入函数按钮 fx，在弹出的"插入函数"对话框中，选取"RANK"函数，将光标移至编辑栏 fx =RANK(，输入求值区域参数"=RANK（O3,O$3：O$12）"后回车；重新选取P3，拖动P3单元格右下角的填充柄至P12，完成P3～P12单元格排名次的公式设定。

4）选取D13，输入"="，单击编辑栏上插入函数按钮 fx，在弹出的"插入函数"对话框中，选取"MAX"函数，将求值区域修改为D3：D12，按"确定"按钮；然后拖动D13单元格右下角的填充柄至K13，完成D13～K13单元格求最高分的公式设定。

5）选取D14，输入"="，单击编辑栏上插入函数按钮 fx，在弹出的"插入函数"对话框中，选取"MIN"函数，将求值区域修改为D3：D12，按"确定"按钮；然后拖动D14单元格右下角的填充柄至K14，完成D14～K14单元格求最低分的公式设定。

6）全部公式设定完毕后如图4-2-9所示。

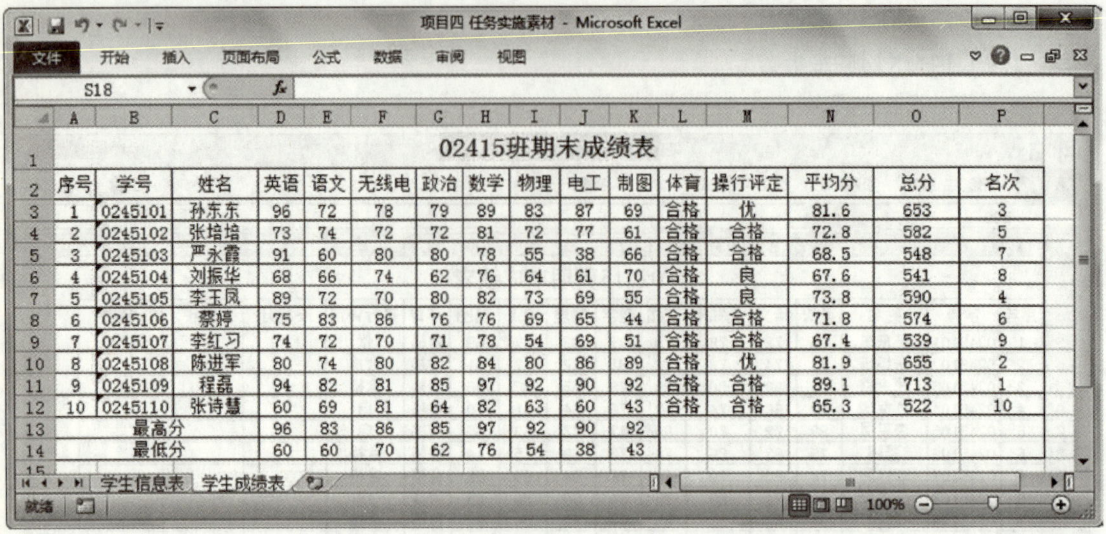

02415班期末成绩表															
序号	学号	姓名	英语	语文	无线电	政治	数学	物理	电工	制图	体育	操行评定	平均分	总分	名次
1	0245101	孙东东	96	72	78	79	89	83	87	69	合格	优	81.6	653	3
2	0245102	张培培	73	74	72	72	81	72	77	61	合格	合格	72.8	582	5
3	0245103	严永霞	91	60	80	80	78	55	38	66	合格	合格	68.5	548	7
4	0245104	刘振华	68	66	74	62	76	64	61	70	合格	良	67.6	541	8
5	0245105	李玉凤	89	72	70	80	82	73	69	55	合格	良	73.8	590	4
6	0245106	蔡婷	75	83	86	76	76	69	65	44	合格	合格	71.8	574	6
7	0245107	李红习	74	72	70	71	78	54	69	51	合格	合格	67.4	539	9
8	0245108	陈进军	80	74	80	82	84	80	86	89	合格	优	81.9	655	2
9	0245109	程磊	94	82	81	85	97	92	90	92	合格	合格	89.1	713	1
10	0245110	张诗慧	60	69	81	64	82	63	60	43	合格	合格	65.3	522	10
最高分			96	83	86	85	97	92	90	92					
最低分			60	60	70	62	76	54	38	43					

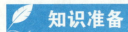

图 4-2-9

任务3 制作员工工资表

知识准备

3.1 排序

Excel中提供了“排序”的功能，它可以帮助将筛选后的结果，利用文字、数字的属性，将各种数据依照递增或递减的方式，显示在原来的资料范围上。

第1步：单击排序区域内的A1单元格。

第2步：执行“数据”选项卡→“排序和筛选”组→“排序和筛选”命令，如图4-3-1所示，出现“排序”对话框。

第3步：在“列表”项目中，单击“有标题行”，在“主要关键字”的下拉列表中，选择“总分”，单击“降序”；在“次要关键字”的下拉列表中，选择“计算机基础”，单击“升序”；单击“确定”按钮，完成排序的设定，如图4-3-2所示。

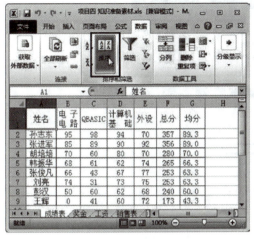

图 4-3-1

图 4-3-2

3.2 自动筛选

Excel提供了"筛选"功能，可以快速寻找工作表中某些特定条件的数据，并且将不符合条件的数据隐藏起来，让工作表看起来相当整齐有条理。

第1步：单击"数据"选项卡→"排序和筛选"组→"筛选"命令，此时可以看到在第一列上的单元格右方均显示一个"自动筛选"▼按钮，如图4-3-3所示。

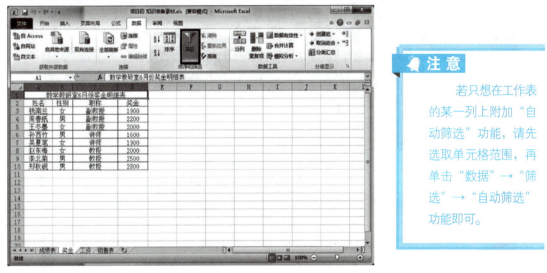

图 4-3-3

> **注意**
>
> 若只想在工作表的某一列上附加"自动筛选"功能，请先选取单元格范围，再单击"数据"→"筛选"→"自动筛选"功能即可。

第2步：在"性别"列上按一下"自动筛选"▼按钮，打开下拉式列表；在下拉列表中选择"男"选项，如图4-3-4所示。

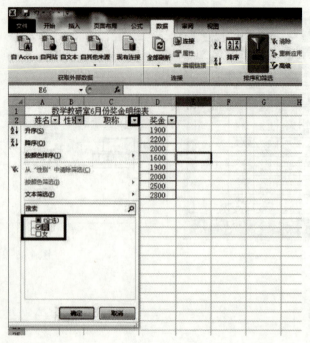

图 4-3-4

第3步:显示"自动筛选"结果,如图4-3-5所示。

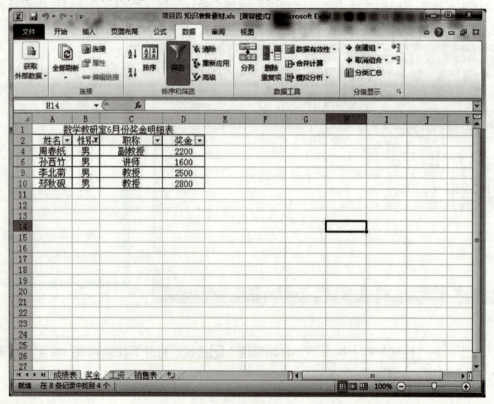

图 4-3-5

> **注意**
>
> 执行"自动筛选"功能后,"自动筛选"按钮会由原来的黑色改变为蓝色,而行号也随着某几列的隐藏而变得不连续,另外,行号的颜色也由原来的黑色变为蓝色。
>
> 若要取消"自动筛选"功能,只要再执行"自动筛选"命令即可。

3.3 分类总汇

排序还可以配合Excel提供的分类汇总功能,对不同类别的数据进行汇总运算。在执行分类汇总前,需先对工作表中的数据进行排序,排序可将各个相同的类别归在一起,当执行分类汇总的时候,就可分别对各个类别进行运算。

操作步骤:

第1步:利用"排序"功能,先将"职称"列做排序。

第2步:单击"数据"选项卡→"分级显示"组→"分类汇总"命令,出现"分类汇总"对话框,如图4-3-6所示。

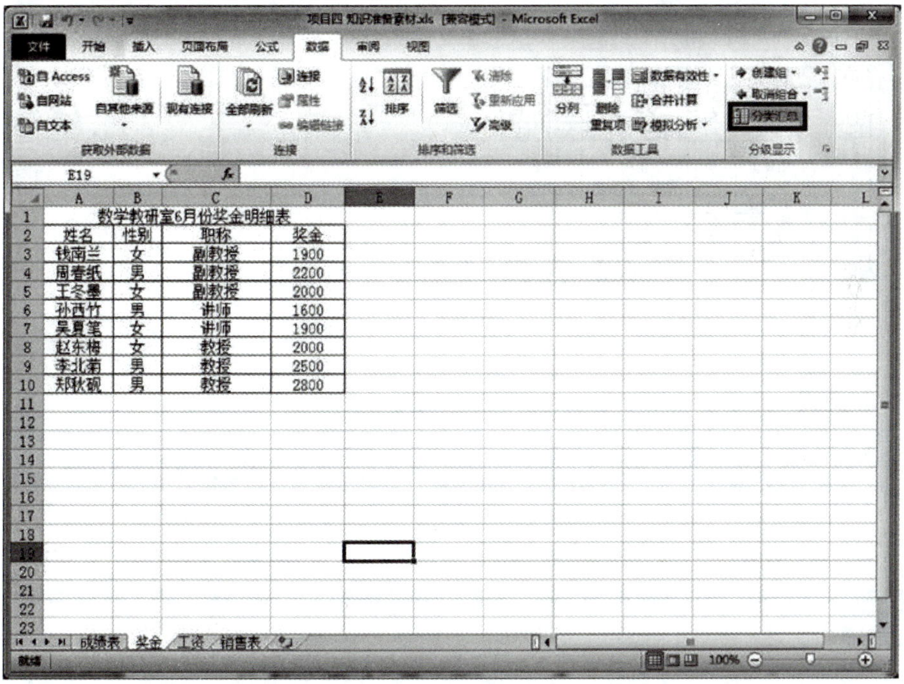

图 4-3-6

第3步:在"分类字段"下拉列表中,选择"职称"。分类汇总命令将以"职称"列来划分类别,如图4-3-7所示。

第4步:在"汇总方式"下拉列表中,选择"平均值"函数。分类汇总命令将以"平均

图 4-3-7

值"函数计算上一步骤中各个类别的内容。

第5步：在"选定汇总项"中，勾选"奖金"项。分类汇总命令将计算各个"职称"类别中的"奖金"平均值，并将结果放在各个类别的最后一个职称数值下方。

第6步：勾选"替换当前分类汇总"项。

第7步：勾选"汇总结果显示在数据下方"项，则Excel会将"总平均值"摘要信息放在最后一个汇总结果的下方。

第8步：单击"确定"按钮。

第9步：显示Excel分类汇总结果，如图4-3-8所示。

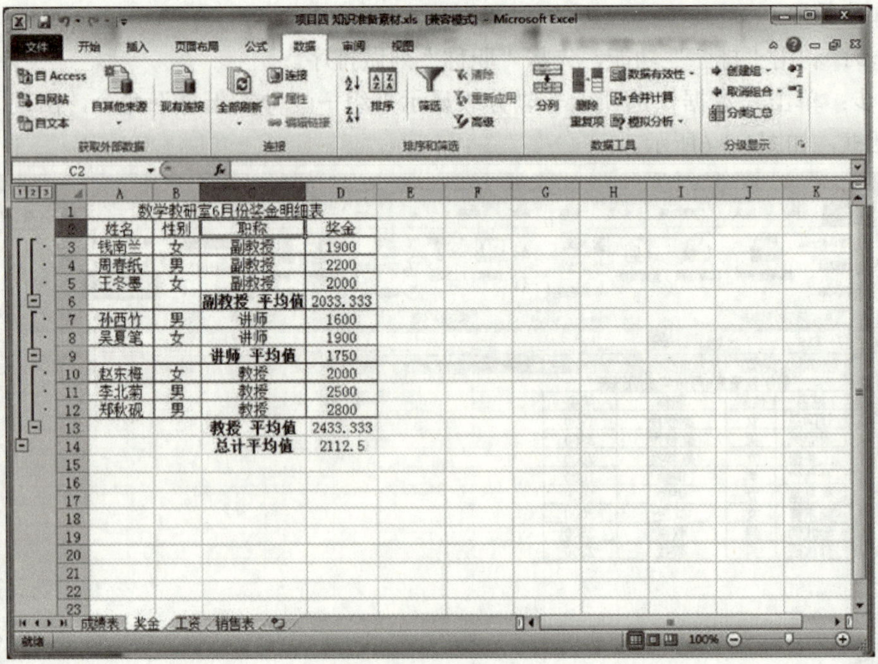

图 4-3-8

> **注意**
>
> 若要取消分类汇总结果，则重复执行"数据"选项卡→"分级显示"组→"分类汇总"命令，打开"分类汇总"对话框，单击"全部删除"按钮即可，或者使用"撤销"指令来取消小计结果。

任/务/实/施

任务目标：根据学生信息表的内容，按姓名排序后，再筛选性别为男的全部团员数据项，如图4-3-9所示。

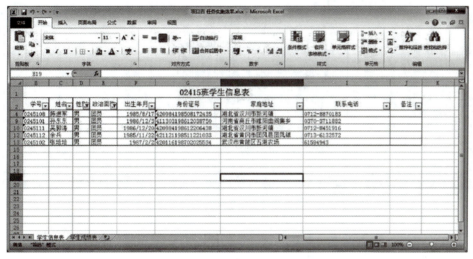

图 4-3-9

1）打开"素材/项目四/任务3/学生信息表.xlsx"文件的学生信息表。

2）单击"数据"选项卡→"排序和筛选"组→"排序"命令，如图4-3-10所示。

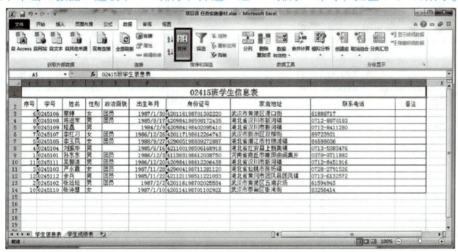

图 4-3-10

3）在弹出的"排序"对话框中，设置"主要关键字"为姓名，单击"确定"完成排序，如图4-3-11所示。

4）单击"数据"选项卡→"排序和筛选"组→"筛选"命令，如图4-3-12所示。

图 4-3-11

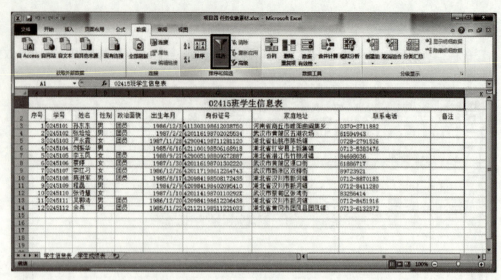

图 4-3-12

5）在"性别"列上单击"自动筛选"按钮▼，打开下拉式列表；在下拉列表中选择"男"选项，单击"确定"，如图4-3-13所示。

6）在"政治面貌"列上单击"自动筛选"按钮▼，打开下拉式列表；在下拉列表中选择"团员"选项，单击"确定"，如图4-3-14所示。

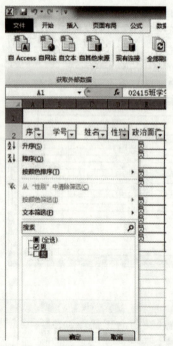

图 4-3-13

图 4-3-14

任务4　制作期末成绩分析统计图表

知识准备

4.1　创建图表

Excel除了具有强大的计算功能外，还提供各式各样的图表，可以将工作表的数据快速地以图表的方式呈现最佳的效果。此外，图表也使得所制作的工作表更具有可读性。

操作步骤：

第1步：选取A1:E5单元格。

第2步：单击"插入"选项卡→"图表"组→"柱形图"下拉列表项→"簇状柱形图"命令，如图4-4-1所示。

第3步：完成图表的建立，如图4-4-2所示。

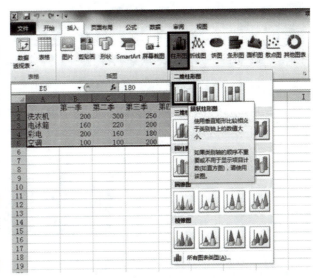

图 4-4-1

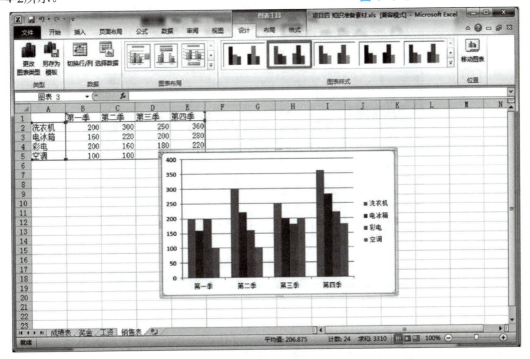

图 4-4-2

4.2 编辑图表

图表建立后,用户可以通过"布局""设计"选项卡美化编辑创建的图表,例:更改上节建立的图表类型为三维簇状柱形图,并显示模拟运算表。

第1步:单击图表对象。

第2步:单击"设计"选项卡→"类型"组→"更改图表类型"命令,如图4-4-3所示。

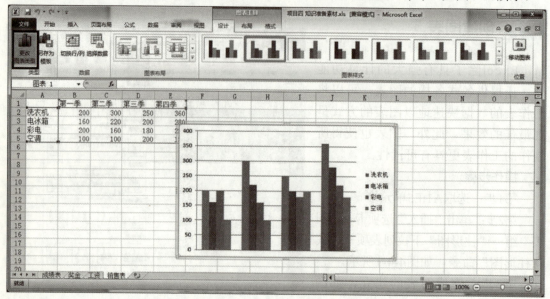

图 4-4-3

第3步:在弹出的"更改图表类型"对话框中选择"三维簇状柱形图",并单击"确定"按钮,如图4-4-4所示。

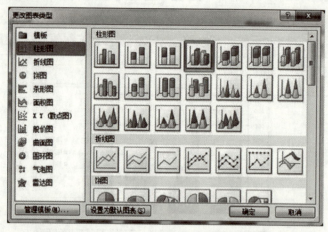

图 4-4-4

第4步:单击"布局"选项卡→"标签"组→"模拟运算表"下拉列表项→"显示模拟运算表"命令,完成编辑图表操作,如图4-4-5所示。

任务4 制作期末成绩分析统计图表

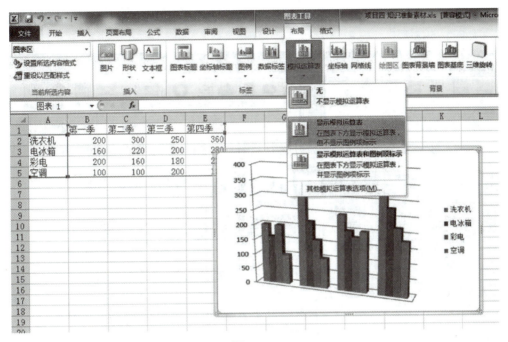

图 4-4-5

任/务/实/施

任务目标：为学生成绩表建立如图4-4-6所示的图表。

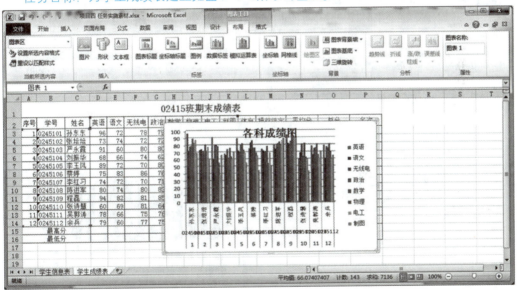

图 4-4-6

1）打开"素材/项目四/任务4/学生成绩表.xlsx"文件的学生成绩表。

2）选取C2:K14单元格。

3)单击"插入"选项卡→"图表"组→"柱形图"下拉列表项→"三维簇状柱形图"命令,如图4-4-7所示。

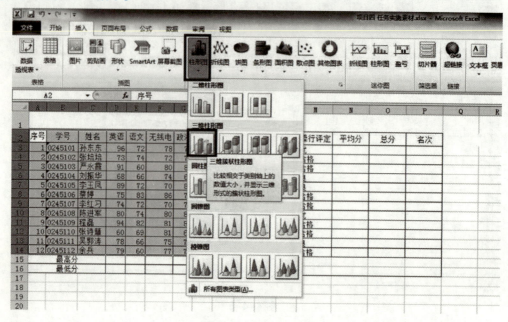

图 4-4-7

4)单击"图表"对象,单击"布局"选项卡→"标签"组→"图表标题"下拉列表项→"居中覆盖标题"命令,如图4-4-8所示。

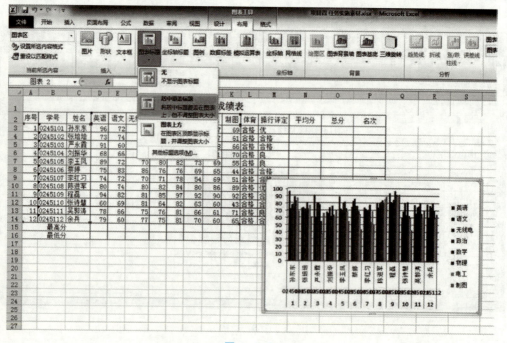

图 4-4-8

5)将图表标题文字改为"各科成绩图"。

项目五　PowerPoint 2010幻灯片

当人们进行演讲或者举行产品发布会等活动时，如果把演讲的主题、要点和所引用的数据、图表甚至动画、音频、视频片段组合成一套集多种媒体于一体的演示文稿，既便于讲解，又利于观众理解，起到引人入胜、增强活动效果的目的。PowerPoint就是Office中的演示文稿软件，具有简单易用、功能完善的优点。使用PowerPoint可以方便地制作出图、文、声、画并茂的演示文稿，播放起来也十分方便。

任务1　制作市场调查报告

知识准备

1.1　设置幻灯片主题

【制作演示文稿的一般步骤】
- 确定方案：设计演示文稿的整体框架。
- 准备素材：准备演示文稿中所需要的图片、声音、动画等文件。
- 初步制作：将文本、图片等对象输入或插入相应的幻灯片中。
- 装饰处理：设置幻灯片中的相关对象的要素（包括字体、大小、动画等），对幻灯片进行装饰处理。
- 预演播放：设置播放过程中的一些要素，然后播放查看效果，满意后正式输出播放。

1．设置幻灯片主题

新建演示文稿，设置幻灯片主题，包括背景颜色、文字、样式等效果设置。

第1步：启动PowerPoint，单击"设计"选项卡，选择"主题"组，根据需要选择合适主题。

第2步：在幻灯片中添加文字，观察主题效果，选择合适主题，效果如图5-1-1所示。

图 5-1-1

> **注意**
>
> 　　幻灯片中带有虚线或者影线的区域称为占位符，只有光标在其中闪烁时，才可以在其中输入字符，以及插入图片、动画、音频或视频等对象。

2. 设置幻灯片背景

利用"背景设置"功能可以对幻灯片进行背景颜色填充及设置效果。

第1步：选择一张幻灯片。

第2步：单击"设计"选项卡，选择"背景"组，单击其对话框启动器，根据需要选择合适背景效果进行填充，效果如图5-1-2所示。

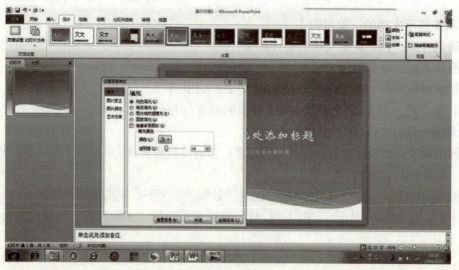

图 5-1-2

1.2 设置幻灯片母版

幻灯片母版是一个用于构建幻灯片的框架，主要用于控制应用母版的所有幻灯片的格式，例如主题类型、字体、颜色、效果及背景样式等。当用户更改模板格式时，所有幻灯片的格式也将同时被更改。

第1步：单击"视图"选项卡，选择"幻灯片母版"命令，进入母版编辑状态，如图5-1-3所示。

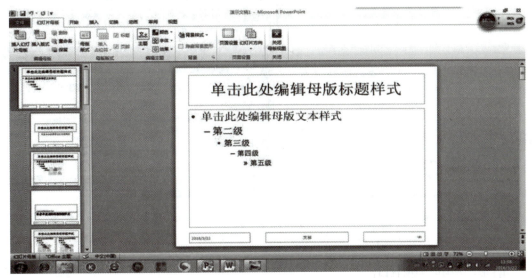

图 5-1-3

第2步：单击"插入"选项卡，选择各类对象进行插入编辑。

第3步：幻灯片母版修改完毕后，在"幻灯片母版"选项卡"关闭"功能区中单击"关闭母版视图"按钮，即可关闭幻灯片母版视图，回到普通视图，此时幻灯片的样式已经发生改变。

> **注意**
>
> 若找不到合适的母版，可以自行添加自定义母版。在幻灯片母版视图中，单击"幻灯片母版"选项卡"编辑母版"功能区中的"插入幻灯片母版"按钮，即可在原有的幻灯片母版的基础上新增加一个完整的幻灯片母版。在插入第一个幻灯片母版后，系统自动命名为2，插入第二个幻灯片母版后，系统自动命名为3，依此类推。

1.3 插入图片、图形、图表等元素

通过修饰演示文稿的外观风格，并对演示文稿中的对象（文字、表格、图表、图片、声音、影片、动画等）进行编辑，可以发挥多种媒体的各自特点，使演示文稿更加生动、

形象，提高它的吸引力和感染力，进一步增强播放演示的效果。

1. 插入文字

第1步：选定一张幻灯片的标题文字。

第2步：单击"开始"选项卡，选择"字体"组，设置合适的样式，如图5-1-4所示。

第3步：单击"字体"对话框启动器，可以进行更加全面的字体样式设置，设置完毕后，单击"确定"按钮，如图5-1-5所示。

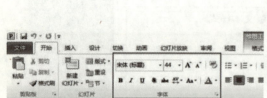

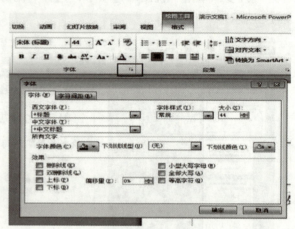

图 5-1-4   图 5-1-5

2. 插入艺术字

第1步：选中一张幻灯片。

第2步：单击"插入"选项卡，选择"文本"组，选择"艺术字"命令，在下拉式列表框中选择合适样式，如图5-1-6所示。

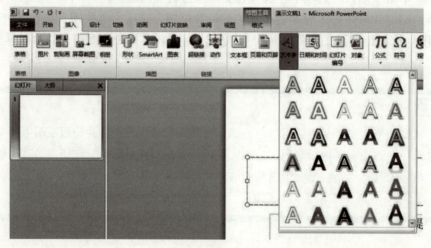

图 5-1-6

第3步：选择合适样式后，左键单击，在"格式"选项卡中对艺术字的形状、颜色、文本进行进一步设置，如图5-1-7所示。

图 5-1-7

3．插入剪贴画

第1步：选中一张幻灯片。

第2步：单击"插入"选项卡，选择"图像"组，左键单击"剪贴画"命令，弹出"剪贴画"对话框，如图5-1-8所示。

图 5-1-8

第3步：单击"搜索"按钮，选择合适的剪贴画，左键单击插入，调整大小并移动到合适的位置，如图5-1-9所示。

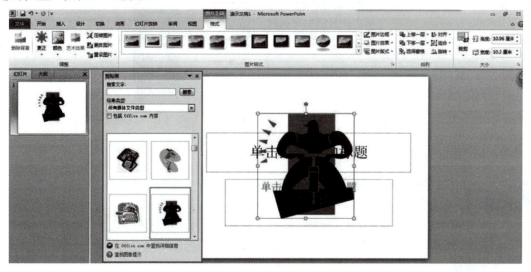

图 5-1-9

第4步：在"格式"选项卡中对剪贴画的图片样式、排列、大小及其他格式进行调整。

4．插入自选图形

第1步：选中一张幻灯片。

第2步：单击"插入"选项卡，选择"插图"组，左键单击"形状"命令下拉式列表框中的形状，选择合适的形状图片，如图5-1-10所示。

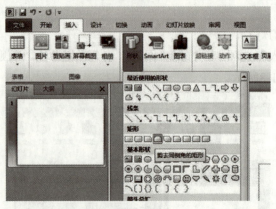

图 5-1-10

第3步：在幻灯片上按住左键拖动鼠标，即插入一个形状。

第4步：在图形上右击，在弹出的快捷菜单上单击"添加文本"命令，即可在图形中输入文本，如图5-1-11所示。

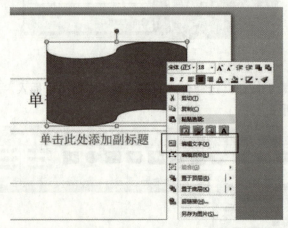

图 5-1-11

第5步：在自选图形中输入文字内容并设置文字格式。

> **注意**
>
> 自选图形可以调整大小、旋转、翻转、着色及组合，从而生成更复杂的图形。在自选图形中添加的文本将成为图形的一部分，如果旋转或翻转该图形，则文本将与其一起旋转或翻转。

5．插入图片

第1步：选中一张幻灯片。

第2步：在"插入"选项卡的"图像"功能区中单击"图片"按钮，插入图片，如图5-1-12所示。

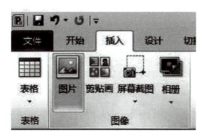

图 5-1-12

第3步：选择图片文件，并调整到合适的大小，拖动到合适的位置。

第4步：双击图片，在"格式选项卡"的"图片样式"组里选择合适的图片样式，如图5-1-13所示。

图 5-1-13

6．插入音频及视频

第1步：选中一张幻灯片。

第2步：在"插入选项卡"的"媒体"功能区中单击"音频"下拉按钮，选择"文件中的音频"命令，如图5-1-14所示。

第3步：声音文件插入后会出现一个小喇叭，鼠标左键双击小喇叭，在"音频工具"的"播放"选项卡的"音频选项"功能区中选择开始方式为"自动"，同时勾选"放映时隐藏"复选框，如图5-1-15所示。

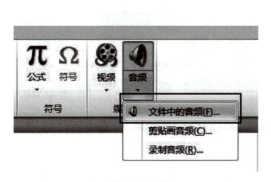

图 5-1-14

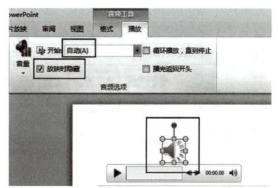

图 5-1-15

插入视频的方法与音频的相类似。

> **注意**
>
> 只有当幻灯片放映到插入声音的幻灯片时，音频才会播放。如果要让声音在放映所有幻灯片时连续播放，则在"播放"选项卡中勾选"循环播放，直到停止"复选框。

7. 建立表格

第1步：选定一张幻灯片。

第2步：在"插入"选项卡的"表格"功能区中单击"表格"命令，弹出"表格命令"下拉式列表框，设置表格的行和列，如图5-1-16所示。

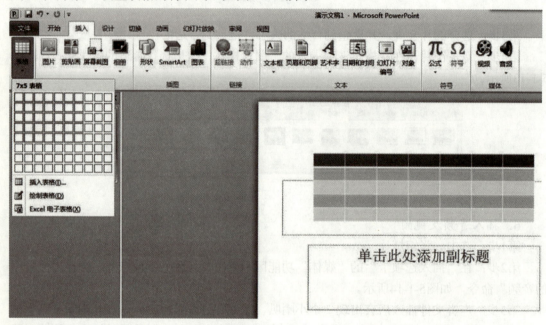

图 5-1-16

第3步：使用表格工具的"设计"选项卡对表格的样式进行设置，如图5-1-17所示。

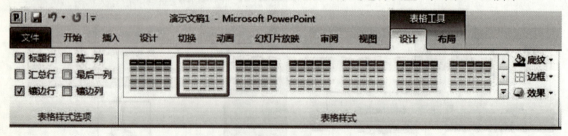

图 5-1-17

第4步：使用表格工具的"布局"选项卡对表格的行、列、单元格、对齐方式、尺寸等参数进行设置，如图5-1-18所示。

图 5-1-18

> **注意**
>
> Power Point 2010版本中不再设置有绘制表头工具，如果需要设置，可以使用表格工具的"设计"选项卡下的"绘图边框"组里的直线工具，直接进行绘制和修改。

8. 建立图表及SmarTArt

第1步：选定一张幻灯片。

第2步：在"插入"选项卡的"插图"功能区中选取"图表"命令，弹出"插入图表"对话框，选择合适的图表样式，单击"确定"按钮，如图5-1-19所示。

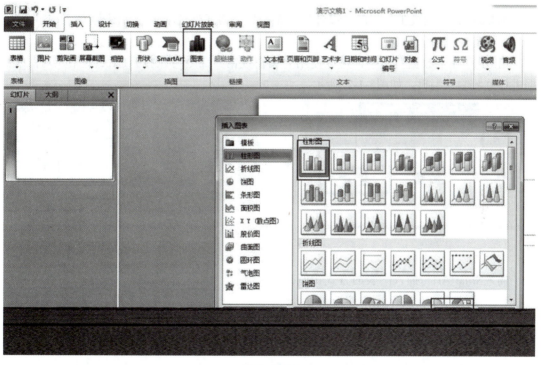

图 5-1-19

第3步：幻灯片中出现图表样式，同时出现图表对应数据所在的Excel表格，在Excel表格中输入对应数据参数，如图5-1-20所示。

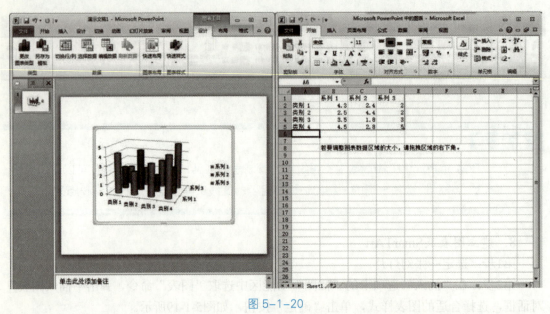

图 5-1-20

第4步：在"图表工具"的"设计""布局""格式"选项卡中对图表样式和排版进行设置，如图5-1-21所示。

第5步：在"数据"组中，可以使用"编辑数据"命令可以打开Excel表格，对图表数据进行重新输入编辑，如图5-1-22所示。

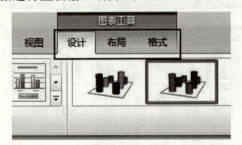

图 5-1-21

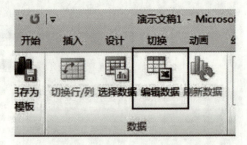

图 5-1-22

插入SmartArt与插入图表的方式相似。

任/务/实/施

任务目标：参照图5-1-23所示的效果图，按照要求完成一个PPT报告的制作。

1）启动PPT，新建6张幻灯片，将第一张幻灯片版式设置为标题幻灯片，其余幻灯片设置为标题和内容幻灯片。

2）打开"设计"选项卡，在"主题"组中选择"聚合"主题，应用于全部幻灯片，如图5-1-24所示。

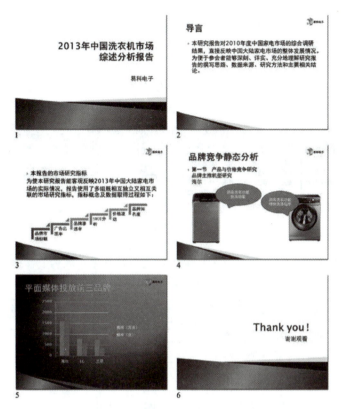

图 5-1-23

图 5-1-24

3）参考样张，输入文字，调整格式。将第一张幻灯片标题文字设置为"黑体"43号字、加粗、阴影效果，副标题："黑体"27号字，如图5-1-25和图5-1-26所示。

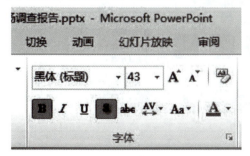

图 5-1-25

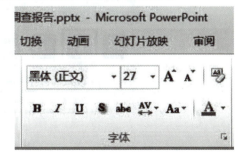

图 5-1-26

4）将第2、3、4、5张幻灯片标题设置为"黑体"41号字,加粗、阴影效果,其他文本"黑体"27号字。其中,第4张幻灯片的"海尔"文字为红色,第5张幻灯片标题文本为浅黄色,其余文本为黑色。

5）开启幻灯片母版模式,在第2、3、4、5张幻灯片左上角放置图片标志,大小位置参照样张,双击图片,在"调整"组中删除图片背景,如图5-1-27所示。

图 5-1-27

6）在第3张幻灯片的文字下面插入SmartArt图形,其中布局为"步骤上移流程",样式为"简单填充",填充文字"黑体",20号字,如图5-1-28所示。

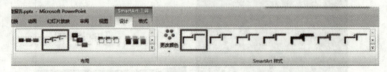

图 5-1-28

7）在第4张幻灯片中导入两张海尔洗衣机的图片,大小、位置设置参照样张。

8）在图片上插入自定义形状,形状选择为"标注"下的"椭圆形标注",样式为"彩色填充-橄榄色,强调颜色1",如图5-1-29和图5-1-30所示。

图 5-1-29

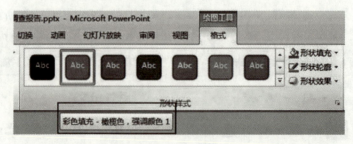

图 5-1-30

9）在第5张幻灯片中插入图表,在Excel中输入数据。编辑图表样式,选择"布局1",

样式颜色"样式2",如图5-1-31所示。

图 5-1-31

10)在第6张幻灯片中输入文本,标题文本"黑体"48字号,附表图"黑体"27字号,位置参照样张。

任务2 制作课件

知识准备

2.1 设置动画效果

1. 添加或删除动画效果

为了使幻灯片更具观赏性,可以对幻灯片中的标题、文本和图片等对象设置动画效果,从而使这些对象以动态的方式出现在屏幕中。此外,当不需要已添加的动画效果时,可以将其删除。

(1)添加动画效果

在Power Point 2010中,通过"动画"选项卡可以非常方便地为幻灯片中的对象(包括文字、图片等)添加各种类型的动画效果。

第1步:在幻灯片中选中要设置动画效果的文本对象,单击"动画"选项卡→"动画"组→"其他"按钮,如图5-2-1所示。

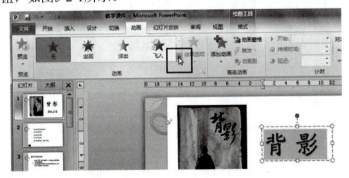

图 5-2-1

第2步：在打开的下拉列表中选择需要的动画效果即可，如图5-2-2所示。

图 5-2-2

（2）删除动画效果

第1步：在演示文稿中选中设置了动画效果的幻灯片，单击"动画"选项卡→"高级动画"组→"动画窗格"按钮，如图5-2-3所示。

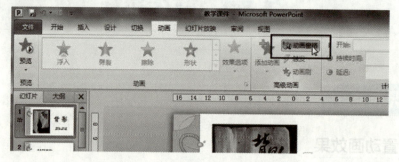

图 5-2-3

第2步：打开"动画窗格"窗格，在该窗格中选中要删除的动画效果，使用鼠标右键单击，在弹出的快捷菜单中单击"删除"命令即可，如图5-2-4所示。

图 5-2-4

2．设置动画效果参数

每个动画效果都有相应的参数，如开始、速度等。根据需要可以对动画效果的各项参数进行设置。

第1步：选中要修改动画效果参数的幻灯片，单击"动画"选项卡→"高级动画"组→

"动画窗格"按钮,打开动画窗格。

第2步:在打开的"动画窗格"中选中要修改的动画效果,单击"动画"选项卡→"效果选项"命令,在下拉列表中设置需要的动画方向,如图5-2-5所示。

图 5-2-5

第3步:在"计时"组中可设置动画的开始、持续时间和延迟等参数,完成后单击"动画窗格"中的"播放"按钮,可查看修改参数后的动画效果,如图5-2-6所示。

> **注意**
>
> 在"动画窗格"中,使用鼠标右键单击要修改的动画效果,在弹出的快捷菜单中单击"效果选项"命令,在弹出的对话框中也可以设置效果参数和计时参数,设置完成后单击"确定"按钮返回演示文稿即可,如图5-2-7所示。

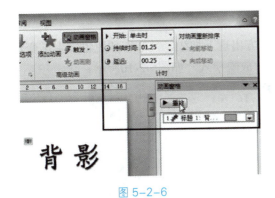

图 5-2-6

图 5-2-7

2.2 设置超链接

1. 添加超链接

在演示文稿中,若文本或其他对象(如图片、表格等)添加了超链接,则此后单击该对象时可直接跳转到其他位置。

第1步：打开演示文稿，在要设置超链接的幻灯片中选择要添加链接的对象，单击"插入"选项卡→"链接"组→"超链接"命令按钮，如图5-2-8所示。

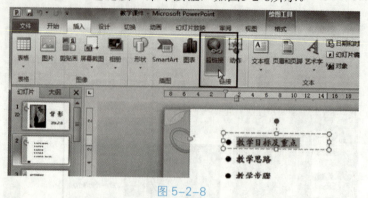

图 5-2-8

第2步：弹出"插入超链接"对话框，在"链接到"栏中选择链接位置，在"请选择文档中的位置"列表框中选择链接的目标位置，单击"确定"按钮，如图5-2-9所示。

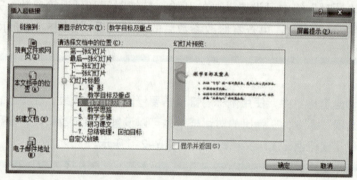

图 5-2-9

第3步：返回幻灯片，可看见所选文本的下方出现下划线，且文本颜色也发生了变化。单击状态栏中的"幻灯片放映"按钮进行幻灯片放映模式，如图5-2-10所示。

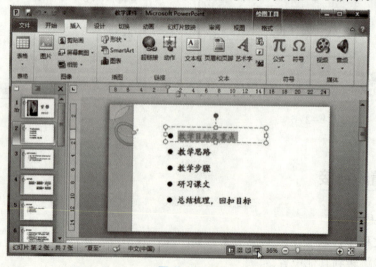

图 5-2-10

第4步：当演示到此幻灯片时，将鼠标指针指向设置了超链接的文本，鼠标指针会变为手形状，此时单击该文本可跳转到目标位置。

> **注意**
>
> 　　使用鼠标右键单击插入了超链接的对象，在弹出的快捷菜单中单击"取消超链接"命令即可取消超链接。

2．插入动作按钮

相对于Office其他软件中的自选图形，PowerPoint额外提供了一组动作按钮，可以任意添加动作按钮，以便在放映过程中跳转到其他幻灯片，或者激活声音文件、视频文件等。

第1步：选中演示文稿中要添加动作按钮的幻灯片，单击"插入"选项卡→"插图"组→"形状"按钮，弹出下拉列表后选择需要的动作按钮，如图5-2-11所示。

第2步：此时光标呈十字状，在要添加动作按钮的位置按住鼠标左键不放并拖动，以绘制动作按钮。绘制完成后释放鼠标左键。

第3步：释放鼠标后，自动弹出"动作设置"对话框，并定位在"单击鼠标"选项卡。根据需要设置动作按钮的相关参数，完成设置后单击"确定"按钮，如图5-2-12所示。

第4步：进行上述设置后，切换到幻灯片放映状态。当放映到该幻灯片时，单击设置的动作按钮，便可按照刚才的设置进行跳转，如图5-2-13所示。

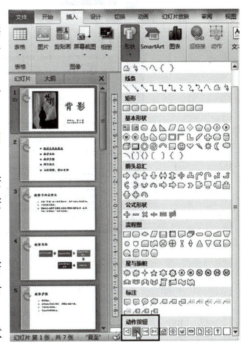

图 5-2-11

图 5-2-12

图 5-2-13

任务实施

任务目标：教学课件是教师在进行课堂教学时会使用到的一种PPT，课堂PPT由于需要吸引学生注意力以提高教学质量，一般都会在课件中添加较多的动画效果，从而使知识简化，让学生更容易理解。让我们在一起制作一个语文课上使用的课件PPT吧，效果如图5-2-14所示。

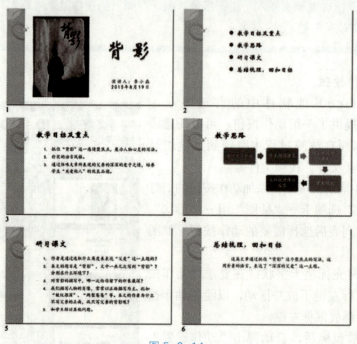

图5-2-14

1）新建一个名为"教学课件"的演示文稿，保存位置为"E:/学生作业"文件夹。

2）选择"夏至"主题，在演示文稿中按照最终效果添加6张幻灯片。

3）参照图5-2-14在幻灯片中输入文本，其中第一页大标题文字为"华文魏碑、120号"，小标题文字为"楷体、26号"；第二页文字为"华文魏碑、36号"，添加"带填充效果的大圆形项目符号"；第三页至第六页标题文字为"华文魏碑、44号"，正文文字为"楷体、26号"。

4）根据需要，在第一页幻灯片中插入"背影"图片，设置图片高度为"16厘米"；在第四页幻灯片中插入SmartArt图形，为"流程"中的"基本蛇形流程"，颜色为"彩色范围-强调文字颜色2至3"，样式为"白色轮廓"。

5）选中第一页幻灯片中的"背影"图片，单击"动画"选项卡→"动画"组→"进入—淡出"命令按钮，选择"计时"组→"开始"命令→"上一动画之后"子命令，将"持续时间"设置为"01.00"，如图5-2-15所示。

图5-2-15

6）选中第一页幻灯片中的标题文字"背影",单击"动画"选项卡→"动画"组→"进入—浮入"命令按钮,选择"效果选项"命令→"下浮"子命令,选择"计时"组→"开始"命令→"上一动画之后"子命令,将"持续时间"设置为"01.25","延迟"设置为"00.25",如图5-2-16所示。

图 5-2-16

7）选中第一页幻灯片中的小标题文字,单击"动画"选项卡→"动画"组→"进入-淡出"命令按钮,选择"计时"组→"开始"命令→"上一动画之后"子命令。

8）选中第二页幻灯片中的四个标题,单击"动画"选项卡→"动画"组→"进入-擦除"按钮,选择"效果选项"命令→"自左侧"子命令,选择"计时"组→"开始"命令→"上一动画之后"子命令,将"持续时间"设置为"01.00","延迟"设置为"00.25",如图5-2-17所示。

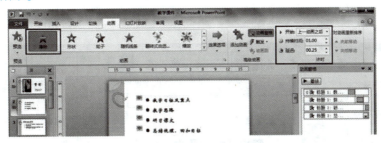

图 5-2-17

9）选中第三页幻灯片中的标题文字,添加"进入-擦除"动画效果,"效果选项"设置为"自左侧",参数选项设置为"上一动画之后"、"持续时间"为"01.00"、"延迟"为"00.25",具体操作参照步骤8）。

10）继续给第三页幻灯片的标题文字添加强调动画效果,选择"动画"选项卡→"高级动画"组→"添加动画"命令→"强调—脉冲"子命令,选择"计时"组→"开始"命令→"上一动画之后"子命令,设置"持续时间"为"01.00",如图5-2-18所示。

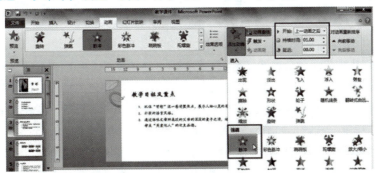

图 5-2-18

11）选中第三页幻灯片中的正文文字，单击"动画"选项卡→"动画"组→"进入—劈裂"按钮，选择"效果选项"命令→"上下向中央收缩"子命令，选择"计时"组→"开始"命令→"上一动画之后"子命令，将"持续时间"设置为"01.00"，"延迟"设置为"00.30"，如图5-2-19所示。

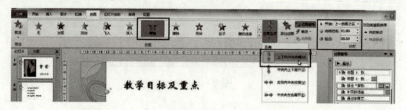

图 5-2-19

12）为第四页至第六页幻灯片的标题和正文添加与第三页幻灯片相同的动画效果，参数设置也相同，具体操作参照步骤9）～11）。

13）选中第四页幻灯片中的SmartArt图形，单击"动画"选项卡→"动画"组→"进入–劈裂"按钮，选择"效果选项"命令→"左右向中央收缩"子命令，选择"计时"组→"开始"命令→"上一动画之后"子命令，将"持续时间"设置为"01.10"，如图5-2-20所示。

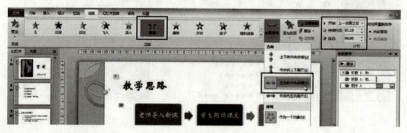

图 5-2-20

14）继续给第四页幻灯片中的SmartArt图形添加强调动画效果，选择"动画"选项卡→"高级动画"组→"添加动画"命令→"强调–跷跷板"子命令，选择"计时"组→"开始"命令→"上一动画之后"子命令，设置"持续时间"为"01.30"，如图5-2-21所示。

图 5-2-21

15）在幻灯片缩略图窗口中选择第二页幻灯片，选中第一个标题"教学目标及重点"，单击"插入"选项卡→"链接"组→"超链接"命令按钮，弹出"插入超链接"对话框，在"链接到"栏中选择"本文档中的位置"，在"请选择文档中的位置"列表框中选择第三页幻灯片，单击"确定"按钮，如图5-2-22所示。

16）参照步骤15），为第二页幻灯片中的其余三个标题添加超链接，分别链接到第四页幻灯片、第五页幻灯片和第六页幻灯片，返回幻灯片，可看见所选文本的下方出现下划线，且文本颜色也发生了变化，如图5-2-23所示。

图 5-2-22

图 5-2-23

17）在幻灯片缩略图窗口中选中第一页幻灯片，选择"插入"选项卡→"插图"组→"形状"命令→"动作按钮：前进或下一项"子命令，此时光标呈十字状，按住鼠标左键拖动以绘制动作按钮，绘制完成后释放鼠标左键，自动弹出"动作设置"对话框，并定位在"单击鼠标"选项卡，设置"超链接到"为"下一张幻灯片"选项，设置"播放声音"为"风铃"选项，单击"确定"按钮完成设置。

18）在第一页幻灯片中选中绘制好的动作按钮，单击"格式"选项卡→"形状样式"组→"形状样式"对话框启动器，在弹出的"设置形状格式"对话框中参照图5-2-24设置参数。

图 5-2-24

19）完成设置后将动作按钮移至画面中合适的位置即可，效果如图5-2-25所示。

20）在第一页幻灯片中选中已设置好的动作按钮,按下"Ctrl+C"快捷键将该按钮复制,依次按下"Ctrl+V"快捷键粘贴到第二页至第五页幻灯片中。

21）继续给第六页幻灯片添加动作按钮,选择"插入"选项卡→"插图"组→"形状"命令→"动作按钮:第一张"子命令,绘制动作按钮,绘制完成后释放鼠标左键,自动弹出"动作设置"对话框,并定位在"单击鼠标"选项卡,设置"超链接到"为"第一张幻灯片"选项,设置"播放声音"为"风铃"选项,单击"确定"按钮完成设置。单击"格式"选项卡→"形状样式"组→"形状样式"对话框启动器,在弹出的"设置形状格式"对话框中,参照图5-2-24设置与第一页幻灯片中动作按钮相同的参数。

22）完成设置后,将动作按钮移至画面中合适的位置即可,效果如图5-2-26所示。

图 5-2-25　　　　　　　　　　　　　　图 5-2-26

23）按下"Ctrl+S"快捷键,保存制作完成的演示文稿。

任务3　公司宣传演示文稿的放映和输出

知识准备

3.1　设置幻灯片切换效果

幻灯片的切换效果是指幻灯片播放过程中,从一张幻灯片切换到另一张幻灯片时的效果、速度、声音等。对幻灯片设置切换效果后,可丰富放映时的动态效果。

1. 设置幻灯片切换方式

PowerPoint 2010中为幻灯片提供了多种切换方式。

第1步:打开演示文稿,选中需要设置切换方式的幻灯片,单击"切换"选项卡→"切换到此幻灯片"组→"其他"按钮,如图5-3-1所示。

图 5-3-1

第2步：在打开的下拉列表中选择需要的切换方式即可，如图5-3-2所示。

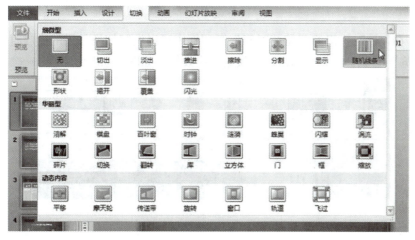

图 5-3-2

第3步：设置好后，系统会自动播放该幻灯片的切换效果。单击"预览"组→"预览"按钮，如图5-3-3所示，也可以预览其切换效果。

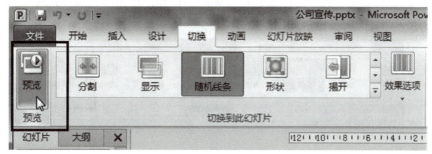

图 5-3-3

2．设置切换声音与持续时间

除了对幻灯片设置切换方式外，还可以根据实际操作的需要，为切换效果设置声音及持续时间。

第1步：打开演示文稿，选中设置了切换方式的幻灯片，单击"切换"选项卡→"计时"组→"声音"下拉列表，在打开的下拉列表中选择切换声音，如图5-3-4所示。

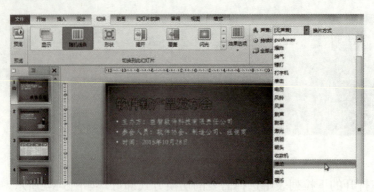

图 5-3-4

第2步：在"计时"组的"持续时间"微调框中可以设置切换效果的播放时间，设置好后单击"预览"组中"预览"按钮，可预览切换效果，如图5-3-5所示。

图 5-3-5

3．删除切换效果

对幻灯片设置了切换效果后，还可根据操作需要删除这些效果，这些效果主要指切换方式和声音。

第1步：在演示文稿中选中要删除切换效果的幻灯片，单击"切换"选项卡→"切换到此幻灯片"组→"其他"按钮，如图5-3-6所示。

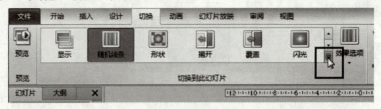

图 5-3-6

第2步：在打开的下拉列表中选择"无"选项，可删除切换方式，如图5-3-7所示。

图 5-3-7

3.2 设置演示文稿的放映

1. 设置放映方式

在实际放映过程中,演讲者可能会对放映方式有不同的要求,如放映类型、放映范围等,这时可通过设置来控制幻灯片的放映方式。

第1步:打开演示文稿,单击"幻灯片放映"选项卡→"设置"组→"设置幻灯片放映"按钮,如图5-3-8所示。

图 5-3-8

第2步:弹出"设置放映方式"对话框,在其中设置放映类型、放映选项、放映范围等参数,单击"确定"按钮即可,如图5-3-9所示。

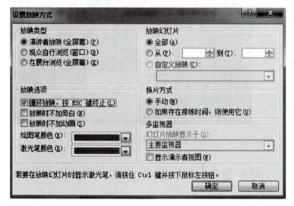

图 5-3-9

> **注意**
> 在"设置放映方式"对话框的"换片方式"栏中,若选中"手动"单选项,即使演示文稿有排练计时,也不会自动放映。

在"设置放映方式"对话框的"放映类型"栏中有3个单选项,其作用如下。

• 演讲者放映(全屏幕):该类型将演示文稿进行全屏幕放映,是最常见的一种放映方式。通过该类型放映演示文稿时,演讲者可以控制放映流程,如暂停播放、切换幻灯片和添加会议细节等。

• 观众自行浏览(窗口):使用该类型播放演示文稿时,演示文稿会以小型窗口的形式来播放,因而较适合小规模演示。

• 在展台浏览(全屏幕):使用该类型播放演示文稿时,演示文稿通常会自动放映,并且大多控制命令都无法使用(如无法通过单击鼠标手动放映幻灯片),以避免个人更改幻灯片放映。该类型比较适合展览会场或会议。

2. 控制放映过程

(1)切换到下一个动画或幻灯片

在放映幻灯片时，若要切换到下一个动画或幻灯片，可通过以下几种方式实现。

方法1：使用鼠标左键单击屏幕中的任意位置。

方法2：按下"Enter"、"Page Down"、"N"、空格、"↓"或"→"键。

方法3：使用鼠标右键单击任意位置，在弹出的快捷菜单中选择"下一张"命令。

方法4：移动光标到屏幕左下角，屏幕左下角将出现控制按钮，单击"下一张"按钮。

（2）切换到上一个动画或幻灯片

若要切换到上一个动画或上一张幻灯片，可通过以下几种方式实现。

方法1：按下"Backspace""Page Up""P""↑"或"←"键。

方法2：使用鼠标右键单击任意位置，在弹出的快捷菜单中选择"上一张"命令。

方法3：移动光标到屏幕左下角，单击"上一张"按钮。

3．在放映过程中添加幻灯片标记

在放映幻灯片时，为了配合演讲，可能需要标注出某些重点内容，此时可通过鼠标勾画。

第1步：在放映幻灯片时单击鼠标右键，在弹出的快捷菜单选择"指针选项"命令→"笔"子命令，如图5-3-10所示。

第2步：再次单击鼠标右键，选择"指针选项"命令→"墨迹颜色"子命令，在其中选择画笔颜色，如图5-3-11所示。

图 5-3-10

图 5-3-11

第3步：此时在需要标注的地方按下鼠标左键并拖动鼠标，鼠标移动的轨迹就有对应的线条，按下"Esc"键退出鼠标标注模式即可。

4．取消以黑屏幻灯片结束

在PowerPoint中放映幻灯片时，每次放映结束后，屏幕总显示为黑屏。若此时需继续放映下一组幻灯片，就非常影响观看效果。对于这种情况，可以使用下面的方法解决。

单击"文件"选项卡→"选项"命令，弹出"PowerPoint选项"对话框，切换到"高级"选项卡，在"幻灯片放映"栏中取消勾选"以黑幻灯片结束"复选框，然后单击"确定"按钮以保存设置即可，如图5-3-12所示。

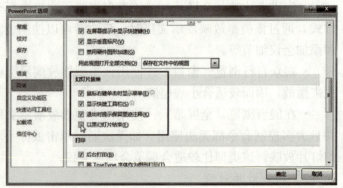

图 5-3-12

3.3 输出演示文稿

有时候一份演示文稿需要在多台计算机上播放，或者需要传到其他的计算机上放映，这时就需要用到PowerPoint的输出功能。

1. 将演示文稿转换为图形文件

根据需要，可将幻灯片转换为图形文件。

第1步：打开需要转换的演示文稿，单击"文件"选项卡→"保存并发送"命令→"更改文件类型"子命令→"JPEG文件交换格式"按钮，如图5-3-13所示。

图 5-3-13

第2步：弹出"另存为"对话框，设置好文件名称和保存路径，然后单击"保存"命令按钮，如图5-3-14所示。

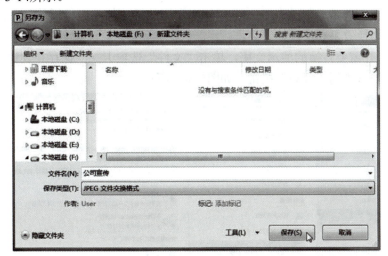

图 5-3-14

第3步：此时弹出提示对话框，根据需要选择要转换的幻灯片，单击相应按钮即可，如图5-3-15所示。

图 5-3-15

2. 将演示文稿转换为讲义

将演示文稿转换为讲义，实际上就是将其转换为Word文档。此时演示文稿将作为Word文档打开，并可以像处理其他Word文档一样对其进行编辑、打印或保存等操作。

第1步：打开需要转换的演示文稿，单击"文件"选项卡→"保存并发送"命令→"创建讲义"子命令→"创建讲义"按钮，如图5-3-16所示。

第2步：弹出"发送到Microsoft Word"对话框，选择演示文稿在Word中的版式，单击"确定"按钮，如图5-3-17所示。稍后演示文稿将在Word程序中打开，并按照设置的版式显示幻灯片和备注信息即可。

图 5-3-16

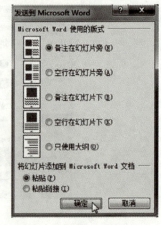
图 5-3-17

3. 将演示文稿转换为视频文件

将演示文稿制作成视频文件后，可以使用常用的播放软件进行播放，并能保留演示文稿中的动画、切换效果和多媒体等信息。

第1步：打开需要转换的演示文稿，单击"文件"选项卡→"保存并发送"命令→"创建视频"子命令→"创建视频"按钮，如图5-3-18所示。

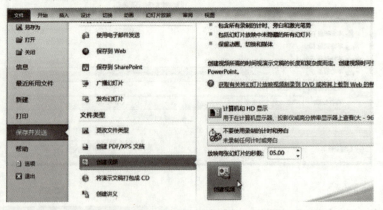
图 5-3-18

第2步：弹出"另存为"对话框，默认的文件类型为"Windows Media视频"，设置好文件名称和保存路径，然后单击"保存"命令按钮，如图5-3-19所示。

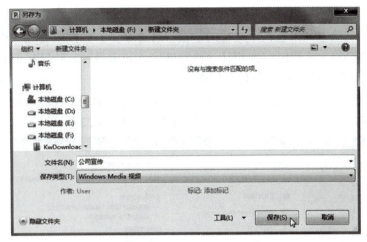

图 5-3-19

第3步：此时程序开始制作视频文件，在文档状态栏中可以看到制作进度，如图5-3-20所示，在制作过程中不要关闭演示文稿。

图 5-3-20

在"创建视频"界面右侧窗格的"计算机和HD显示"下拉列表中有3个选项，如图5-3-21所示，需根据具体情况进行选择。

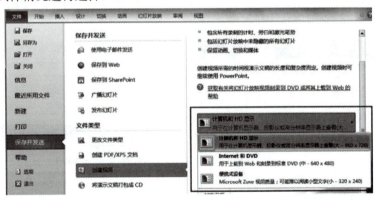

图 5-3-21

- 若要创建质量很高的视频（文件会比较大），可选择"计算机和HD显示"选项。
- 若要创建具有中等文件大小和中等质量的视频，可选择"Internet和DVD"选项。
- 若要创建文件最小的视频（质量低），可选择"便携式设备"选项。

在"使用录制的计时和旁白"下拉列表中有两个选项，其作用如下：

- 若选择"不要使用录制的计时和旁白"选项，则所有幻灯片都将使用"放映每张幻灯片的秒数"微调框中设置的时间，而忽略视频中的任何旁白。
- 若选择"使用录制的计时和旁白"选项，则没有设置计时的幻灯片才会使用设置的默认持续时间。

4. 将演示文稿打包"携带"

制作的演示文稿中如果包含了链接的数据、特殊字体、视频或音频文件等，当在其他计算机中播放这个演示文稿时，要想让这些特殊字体正常显示，让链接的文件正常打开和播放，则需要使用演示文稿的"打包"功能。

第1步：打开需要转换的演示文稿，单击"文件"选项卡→"保存并发送"命令→"将演示文稿打包成CD"子命令→"打包成CD"按钮，如图5-3-22所示。

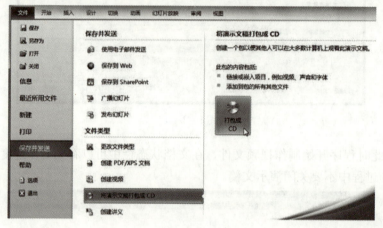

图 5-3-22

第2步：弹出"打包成CD"对话框，单击"复制到文件夹"按钮，如图5-3-23所示。

第3步：在打开的对话框中，设置文件夹名称及存储路径，单击"确定"按钮，如图5-3-24所示。

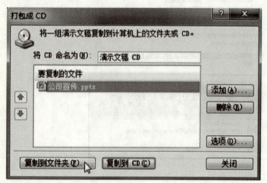

图 5-3-23

图 5-3-24

第4步：在弹出的确认对话框中，单击"是"按钮，如图5-3-25所示。

图 5-3-25

第5步：此时演示文稿开始打包，打包完成后将自动打开打包文件夹，可以看到里面包含了演示文稿以及其他使用的特殊字体和链接文件，如图5-3-26所示。

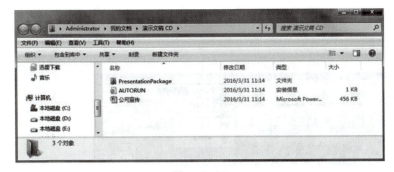

注意

将打包文件夹整体复制到其他计算机上，即可正常播放。

图 5-3-26

任/务/实/施

任务目标：公司宣传PPT是公司形象的一个重要环节，由于其对外性，在制作时不需要太多信息，而是以更直观的图片和图形进行展示，一般在行业年会上放映。本任务是对制作完成的公司宣传PPT进行放映相关的设置和演示文稿的输出。

1）打开"公司宣传模板"演示文稿，在幻灯片缩略图窗口中选中第一页幻灯片，单击"切换"选项卡→"切换到此幻灯片"组→"细微型-随机线条"命令按钮，选择"效果选项"命令→"垂直"子命令，选择"计时"组→"声音"命令→"推动"子命令，将"持续时间"设置为"01.00"，设置"换片方式"为"单击鼠标或每隔两分钟自动换片"，如图5-3-27所示。

图 5-3-27

2）继续单击"计时"组→"全部应用"命令按钮，将演示文稿中所有幻灯片的切换方式设置为与第一页幻灯片相同，如图5-3-28所示。

图 5-3-28

3）选中第一页幻灯片中的标题文字，单击"动画"选项卡→"动画"组→"进入—形状"命令按钮，选择"效果选项"命令→"缩小"子命令，选择"计时"组→"开始"命令→"上一动画之后"子命令，将"持续时间"设置为"01.00"，如图5-3-29所示。

图 5-3-29

4)选中第一页幻灯片中的正文文字,单击"动画"选项卡→"动画"组→"进入—擦除"命令按钮,选择"效果选项"命令→"自左侧"子命令,选择"计时"组→"开始"命令→"上一动画之后"子命令,将"持续时间"设置为"01.00",如图5-3-30所示。

图 5-3-30

5)选中第一页幻灯片中右下角艺术字,单击"动画"选项卡→"动画"组→"进入—飞入"命令按钮,选择"效果选项"命令→"自底部"子命令,选择"计时"组→"开始"命令→"上一动画之后"子命令,将"持续时间"设置为"00.50",如图5-3-31所示。

图 5-3-31

6)在幻灯片缩略图窗口中选择第二页幻灯片,为标题文字和正文文字添加与第一页幻灯片相同的动画效果,参数设置也相同,具体操作参照步骤3)~4);为右下角的图片添加与第一页幻灯片艺术字相同的动画效果,参数设置也相同,具体操作参照步骤5)。

7)在幻灯片缩略图窗口中选择第三页幻灯片,为标题文字添加与第一页幻灯片相同的动画效果,参数设置也相同,具体操作参照步骤3)。

8)继续选中第三页幻灯片中的表格,单击"动画"选项卡→"动画"组→"进入—轮子"命令按钮,选择"效果选项"命令→"2轮辐图案(2)"子命令,选择"计时"组→"开始"命令→"上一动画之后"子命令,将"持续时间"设置为"02.00",如图5-3-32所示。

图 5-3-32

9)在幻灯片缩略图窗口中选择第四页幻灯片,为标题文字添加与第一页幻灯片相同的动画效果,参数设置也相同,具体操作参照步骤3);为图表添加与第三页幻灯片表格相同的动画效果,参数设置也相同,具体操作参照步骤8)。

10)在幻灯片缩略图窗口中选择第五页幻灯片,为标题文字添加与第一页幻灯片相同的动画效果,参数设置也相同,具体操作参照步骤3);为SmartArt图添加与第三页幻灯片表格相同的动画效果,参数设置也相同,具体操作参照步骤8)。

11)在幻灯片缩略图窗口中选择第五页幻灯片,为标题文字添加与第一页幻灯片相同的动画效果,参数设置也相同,具体操作参照步骤3);为SmartArt图添加与第三页幻灯片表格相同的动画效果,参数设置也相同,具体操作参照步骤8)。

12)单击"幻灯片放映"选项卡→"设置"组→"设置幻灯片放映"命令按钮,弹出"设置放映方式"对话框,将"放映类型"设置为"演讲者放映(全屏幕)","放映选项"设置为"循环放映,按Esc键终止","放映幻灯片"设置为"全部","换片方式"设置为"如果存在排练时间,则使用它",单击"确定"按钮完成设置,如图5-3-33所示。

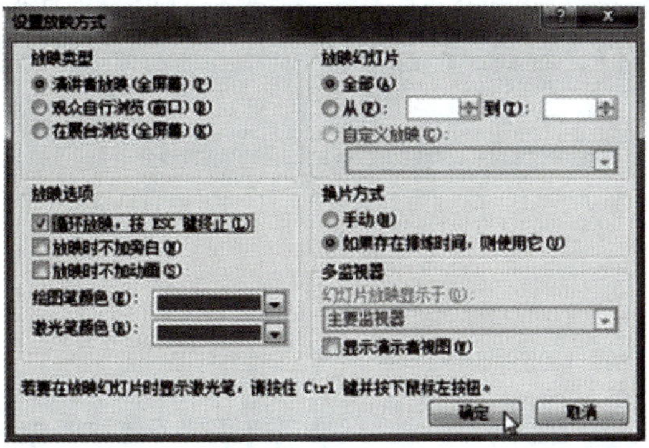

图 5-3-33

13)单击"文件"选项卡→"保存并发送"命令→"将演示文稿打包成CD"子命令→"打包成CD"按钮,弹出"打包成CD"对话框,单击"复制到文件夹"按钮,在打开的对话框中,设置"文件夹名称"为"公司宣传","存储路径"为"E:/学生作业",如图5-3-34所示,单击"确定"按钮。在弹出的确认对话框中,单击"是"按钮,开始打包演示文稿。

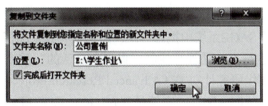

图 5-3-34

14)打包完成后,自动打开"公司宣传"文件夹,可以看到里面包含了演示文稿以及其他使用的特殊字体和链接文件。

15)单击"文件"选项卡→"另存为"命令,弹出"另存为"对话框,设置好保存位置为"E:/学生作业"文件夹里,文件名为"公司宣传",保存类型为"PowerPoint演示文稿"文件,单击"保存"按钮保存文档,完成制作。

项目六 网络应用

计算机网络就是把分布在不同地理区域的计算机与专门的外部设备用通信线路互连成一个规模大、功能强的系统,从而使众多的计算机可以方便地互相传递信息,共享硬件、软件、数据信息等资源。最简单的计算机网络只有两台计算机和连接它们的一条链路,即两个节点和一条链路。网络应用就是实际看得见、可操作的基于网络的软件、游戏、产品等。

任务1 计算机网络基础

1.1 计算机网络的概念

1. 计算机网络发展的阶段划分

在20世纪50年代中期,美国的半自动地面防空系统(SAGE)开始了计算机技术与通信技术相结合的尝试,即在SAGE系统中把远程距离的雷达和其他测控设备的信息经由线路汇集至一台IBM计算机上进行集中处理与控制。世界上公认的、最成功的第一个远程计算机网络是在1969年由美国高级研究计划署(Advanced Research Projects Agency,ARPA)组织研制成功的。该网络称为ARPANET,它就是现在Internet的前身。计算机网络的发展,从时间角度,大致可划分为4个阶段,见表6-1-1。

表6-1-1

标志	时间	特点及成果
计算机网络技术与理论的准备阶段	20世纪50年代	(1)技术基础:数据通信技术 (2)理论基础:分组交换概念
计算机网络的形成	20世纪60年代	(1)ARPENET的成功运行 (2)TCP/IP协议的成功 (3)DNS(域名系统)、E-mail、FTP(文件传输协议)、TELNET(远程登录协议)、BBS等应用

续表

标志	时间	特点及成果
网络体系结构的研究	20世纪70年代	（1）OSI参考模型的研究，起网络的发展推动作用 （2）TCP/IP协议，推动Internet产业的发展
Internet应用技术、无线网络技术与网络安全技术研究的发展	20世纪90年代	（1）Internet发挥了巨大作用 （2）宽带城域网 （3）无线局域网与无线城域网技术的日益成熟 （4）P2P网络 （5）网络应用的快速成长

从技术的角度，有三条主线，见表6-1-2。

表6-1-2

线索	特点
第一条主线：从ARPANET到Internet	（1）ARPANET的研究奠定Internet发展的基础，而联系二者的是TCP/IP协议 （2）TCP/IP协议的研究与设计的成功，对Internet的快速发展起到了非常重要的推动作用 （3）与传统Internet应用系统基于客户机/服务器不同，P2P网络以"非中心化"的方式使得更多的用户身兼服务提供者与使用者的身份 （4）随着Internet的广泛应用，计算机网络、电信网络与有线电视网络从结构、技术到服务领域正在快速地融合，成为21世纪信息产业发展最具活力的领域
第二条主线：从无线分组网到无线自组网、无线传感器网络的无线网络技术	（1）无线网络分类： a. 基于基础设施：无线局域网、无线城域网 b. 无基础设施：无线自组网、无线传感器 （2）无线自组网是一种特殊的自组的、对等式、多跳、无线移动网络 （3）无线通信、微电子、传感器技术也得到快速发展 （4）无线网格网是无线自组网在接入领域的另一应用 （5）广域网：资源共享范围 局域网：资源共享深度 无线网络：资源共享灵活性 无线传感器：扩展网络功能
第三条主线：网络安全技术	（1）人类创造网络虚拟社会的繁荣，也在制造网络虚拟社会的麻烦 （2）网络安全技术的发展验证了"魔高一尺，道高一丈"的古老哲理 （3）网络安全是一个系统的社会工程 （4）从当前的发展趋势看，网络安全问题已经超出技术和传统意义上的计算机犯罪的范畴，已经发展成为国家之间的一种政治与军事的手段

2. 网络传输介质

网络传输介质是指在网络中传输信息的载体，常用的传输介质分为有线传输介质和无线传输介质两大类，见表6-1-3。

表 6-1-3

传输方式	特点
有线传输	指在两个通信设备之间实现的物理连接部分。它能将信号从一方传输到另一方，有线传输介质主要有双绞线、同轴电缆和光纤。双绞线和同轴电缆传输电信号，光纤传输光信号
无线传输	指我们周围的自由空间。我们利用无线电波在自由空间的传播可以实现多种无线通信。在自由空间传输的电磁波根据频谱可分为无线电波、微波、红外线、激光等，信息被加载在电磁波上进行传输

3. 组网和连网的硬件设备

与计算机系统类似，计算机网络系统也由网络软件和硬件设备两个部分组成，网络操作系统对网络进行控制管理。目前，在局域网上流行的网络操作系统有Windows Server NT、Windows Server 2000、NetWare、UNIX和Linux等。具体介绍见表6-1-4。

表 6-1-4

设备名称	设备特点	图示
局域网的组网设备		
传输介质	局域网中常用的传输介质有同轴电缆、双绞线和光缆等，右图所示为超五类双绞线	
网络接口卡（简称网卡）	构成网络必需的基本设备。它将计算机和通信电缆连接起来，以便经电缆在计算机之间进行高速数据传输，如右图所示	
集线器	集线器的功能就是分配带宽（分享带宽），将局域网内各自独立的计算机连接在一起并能互相通信，如右图所示	
交换机	这种设备可以把一个网络从逻辑上划分成几个较小的段，交换机的所有端口都共享同一指定的带宽，如右图所示	

续表

设备名称	设备特点	图示
网络互连设备		
路由器（Router）	实现局域网与广域网互连的主要设备，用于检测数据的目的地址，对路径进行动态分配，根据不同的地址将数据分流到不同的路径中，如右图所示	
调制解调器（Modem）	俗称"猫"，是计算机通过电话线接入因特网的必备设备，它具有调制和解调两种功能，对电话线路传送的模拟信号与计算机处理的数字信号进行互换，如右图所示	

4．Internet基础

Internet的中文意思是"因特网"，是一个非常庞大的互连网络，它由无数相互连接的计算机组成。在这些庞大的互联网络中，用一种叫IP地址的模式来区分各连接的计算机。

（1）TCP/IP协议

TCP/IP是一个协议族，其名字是由这些协议中两个最重要协议组成，即传输控制协议（Transmission Control Protocol，TCP）和网际协议（IP，Internet Protocol）。TCP负责数据从端到端的传输，IP则负责网络互联。

（2）IP地址

IP地址用32位的二进制无符号数表示，它将32位地址按字节分为4段，每段8位，高字节在前，如图6-1-1所示。

图6-1-1　IP地址（二进制）

为了方便表示，国际通行一种"点分十进制表示法"，即将32位地址按字节分为4段，每个字节用十进制数表示出来，并且各字节之间用符号"•"隔开。这样，IP地址表示成一个用点号隔开的四组数字，每组数字的取值范围只能是0~255。

如图6-1所示IP地址又可表示为：192.168.4.2（这个以十进制数表示的IP地址才是我们常用的IP地址）。

（3）IP地址的划分

IP地址通常划分成两部分：第一部分指定网络号（Net-id），第二部分指定主机号

(host-id)，如图6-1-2所示。

网络号	主机号
Net-id	host-id

图 6-1-2　IP 地址的划分

根据网络号的不同，可将网络分为A、B、C、D、E等五类，最常用的是A、B、C三类，见表6-1-5。

表 6-1-5

IP 地址类型	第一字节 十进制范围	示　例	图　例
A 类	0～127	3.10.100.122	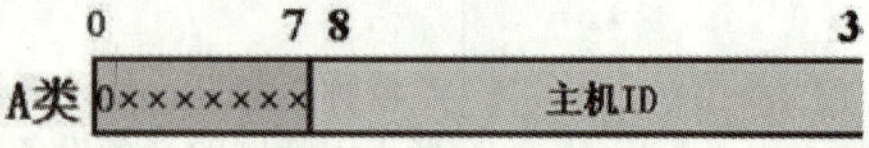 A类 0×××××××｜主机ID（0-7, 8-31）
B 类	128～191	131.24.1.200	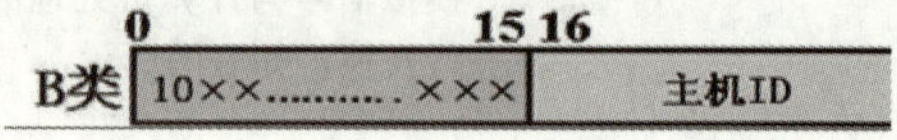 B类 10××…………×××｜主机ID（0-15, 16-31）
C 类	192～223	202.103.24.68	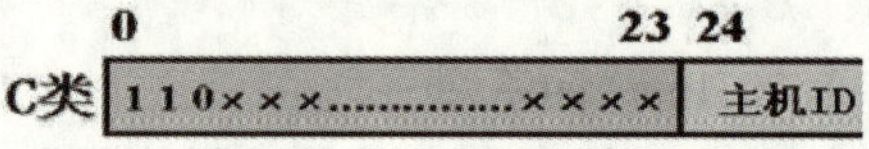 C类 110×××…………××××｜主机ID（0-23, 24-31）
D 类	224～239	略	 D类 1110
E 类	240～255	略	E类 1111

> **注　意**
>
> ① Internet NIC（Internet网络信息中心）统一负责全球IP地址的规划和管理。通常每个国家都会成立一个组织，统一向国际组织申请IP地址，然后再分配给客户。
>
> ② 保留私用的网络地址：
> A类：10.0.0.0～10.255.255.255
> B类：172.16.0.0～172.31.255.255
> C类：192.168.0.0～192.168.255.255

1.2 接入网络

1. 接入方式

电脑接入因特网的方式有很多，通常ISP（国际互联网络服务提供者）提供给家庭电脑接入的方式见表6-1-6。

表6-1-6

接入方式	所需设备	特点	适用场合
电话线拨号（PSTN）普遍的窄带接入	有效的电话线及自带MODEM的PC	速率低，无法实现一些高速率要求的网络服务，其次是费用较高	适用在一些低速率的网络应用（如网页浏览查询、聊天、E-mail等），主要适合于临时性接入或无其他宽带接入场所的使用
ISDN，俗称"一线通"	一条ISDN用户线路即可	可以在上网的同时拨打电话、收发传真，就像两条电话线一样。缺点是速率仍然较低，无法实现一些高速率要求的网络服务	主要适合于无xDSL、光纤接入的普通家庭用户使用
xDSL接入	ADSL可直接利用现有的电话线路，通过ADSLMODEM后进行数字信息传输	特点是速率稳定、带宽独享、语音数据不干扰等	家庭、个人等用户的大多数网络应用需求，满足一些宽带业务包括IPTV、视频点播（VOD）、远程教学、可视电话、多媒体检索、LAN互联、Internet接入等
HFC（CABLEMODEM）	基于有线电视网络铜线资源的接入方式	优点是速率较高，接入方式方便（通过有线电缆传输数据，不需要布线），可实现各类视频服务、高速下载等。缺点在于基于有线电视网络的架构是属于网络资源分享型的，当用户激增时，速率就会下降且不稳定，扩展性不够	拥有有线电视网的家庭、个人或中小团体
光纤宽带接入	通过光纤接入小区节点或楼道，再由网线连接到各个共享点上	优点是速率高、抗干扰能力强，可以实现各类高速率的互联网应用（视频服务、高速数据传输、远程交互等）。缺点是一次性布线成本较高	家庭、个人或各类企事业团体
无源光网络（PON）	建立点对多点的光纤传输和接入	优点是接入速率高，可以实现各类高速率的互联网应用（视频服务、高速数据传输、远程交互等），缺点是一次性投入较大	提供光纤到户FTTH（Fiber to the Home）、光纤到大楼FTTB（Fiber to the Building）、光纤到办公室FTTO（Fiber to the Office）等多种接入方式
无线网络	线射频（RF）设备	可以减少使用电线连接，无线网络系统既可达到建设计算机网络系统的目的，又可让设备自由安排和搬动	在公共开放的场所或者企业内部，无线网络一般会作为已存在的有线网络的一个补充方式，装有无线网卡的计算机通过无线手段方便接入互联网

2. 双绞线RJ-45接头接线方式

双绞线的制作方式有两种国际标准,分别为EIA/TIA568A以及EIA/TIA568B。而双绞线的连接方法也主要有两种,分别为直通线缆以及交叉线缆。简单地说,直通线缆就是水晶头两端同时采用T568A标准或者T568B的接法,而交叉线缆则是水晶头一端采用T586A的标准制作,而另一端则采用T568B的标准制作。

如图6-1-3所示,T568A标准描述的线序从左到右依次为:
1—绿白(绿色的外层上有些白色,与绿色的是同一组线)
2—绿色
3—橙白(橙色的外层上有些白色,与橙色的是同一组线)
4—蓝色
5—蓝白(蓝色的外层上有些白色,与蓝色的是同一组线)
6—橙色
7—棕白(棕色的外层上有些白色,与棕色的是同一组线)
8—棕色

如图6-1-3所示,T568B标准描述的线序从左到右依次为:
1—橙白(橙色的外层上有些白色,与橙色的是同一组线)
2—橙色
3—绿白(绿色的外层上有些白色,与绿色的是同一组线)
4—蓝色
5—蓝白(蓝色的外层上有些白色,与蓝色的是同一组线)
6—绿色
7—棕白(棕色的外层上有些白色,与棕色的是同一组线)
8—棕色

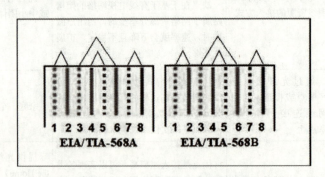

图6-1-3 水晶头接线示意图

那么在什么情况下该做成直通线缆,交叉线缆又该用在什么场合呢?接下来,简单列举一下。

PC—PC(机对机):	交叉线缆
PC—集线器Hub(普通口):	直通线缆
集线器Hub—集线器Hub(普通口):	交叉线缆
集线器Hub—集线器Hub(级连口—级连口):	交叉线缆

集线器Hub—集线器Hub（普通口—级连口）： 直通线缆
集线器Hub—交换机Switch： 交叉线缆
集线器Hub（级连口）—交换机Switch： 直通线缆
交换机Switch—交换机Switch： 交叉线缆
交换机Switch—路由器Router： 直通线缆
路由器Router—路由器Router： 交叉线缆

> **注意**
>
> 不同的设备之间用直连线，相同设备之间用交叉线。现在生产的路由器都具备自适应功能，所以一般情况下都是用直连线。

1.3 因特网的接入方法

1. 接入方式

电脑接入因特网的方式有很多，通常ISP（国际互联网络服务提供者）提供的家庭电脑接入的方式有以下几种：

（1）通过电话线拨号上网

速率为56 Kb/s，需要电话线、调制解调器，用于上网的电话不能同时进行通话，属于窄带上网方式。

（2）ISDN（"一线通"）上网

两条64 Kb/s B信道和一条16 Kb/s D信道，即（2B+D）。其中B信道用作数据传输（客户语音、数据、图像、声音），D信道用作信令传输（呼叫信令、建立客户、分组数据）；速率可达128 Kb/s，需要电话线、专用调制解调器，用于上网的电话可同时进行通话，属于窄带上网方式。

（3）ADSL（非对称数字用户环路）

采用了全新的数字调制解调技术，比Modem和ISDN有更高的带宽，其上行传输速率可达1.544 Mb/s，下行传输速率高达 8.448 Mb/s，可以满足目前所有宽带业务对带宽的要求。需要电话线、专用调制解调器，用于上网的电话可同时进行通话，属于宽带上网方式。

（4）局域网（网卡）上网

速率可达100 Mb/s，需要网线、网卡，属于宽带上网方式。

（5）有线电视网络（CABLE MODEM）

需要线缆MODEM，速率可达36 Mb/s，属于宽带上网方式。

（6）无线接入

目前国内应用比较成熟的无线上网技术主要有GPRS、CDMA和无线局域网等。一般而言，无线局域网更适用于需要在移动中联网和在网间漫游的场合，并对不易布线的地方和远距离的数据处理节点方面提供强大的网络支持。

2. ADSL的上网设置

下面就以ADSL拨号上网为例，给读者介绍其具体的操作流程。

第1步：上网准备。

硬件：计算机、网卡或相应MODEM、双线绞或光纤。

软件：操作系统（Windows XP），网卡驱动程序或MODEM驱动程序。

> **注意**
>
> Windows XP可识别大部分网卡和MODEM，如果硬件安装后开机设备不能正常使用，将事先准备的驱动程序安装一遍即可。

第2步：拨号设置。

① 单击"开始"→"控制面板"打开控制面板窗口；

② 单击"网络和Internet连接"→"网络连接"，如图6-1-4所示。

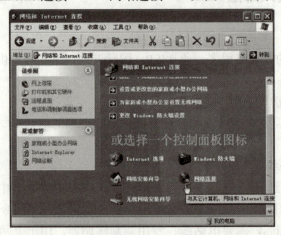

图 6-1-4

第3步：宽带连接

① 打开"网络安装向导"对话框，单击"下一步"；

② 选择"连接到Internet"选项，单击"下一步"，如图6-1-5所示；

③ 选择"用要求用户名和密码的宽带连接来连接"，单击"下一步"，如图6-1-6所示；

④ 在弹出界面中，可以不输入ISP名称，直接单击"下一步"，如图6-1-7所示；

⑤ 在"Internet账户信息"对话框中，按照事先申请的上网资料输入"用户名""密码"，其他选项采用默认值，单击"下一步"，如图6-1-8所示；

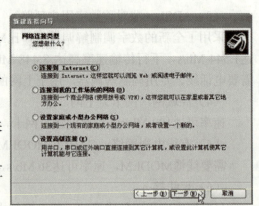

图 6-1-5

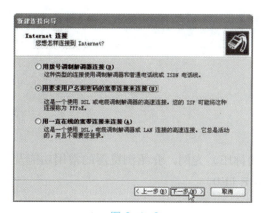

图 6-1-6

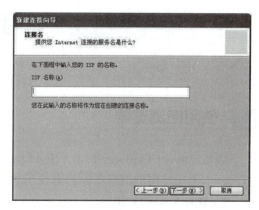

图 6-1-7

⑥ 选择"在我的桌面上添加一个到此连接的快捷方式"选项，单击"完成"按钮，如图6-1-9所示；

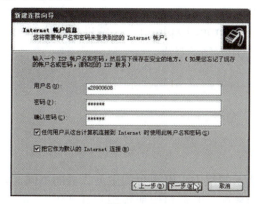

图 6-1-8

图 6-1-9

⑦ 双击"桌面"上"宽带连接"图标，在对话框中输入正确的"用户名""密码"，单击"连接"按钮，等待系统自动拨号完成后即可上网，如图6-1-10所示。

图 6-1-10

任务2 网络信息获取

2.1 使用IE浏览器

下面以Internet Explorer 11.0（IE 11.0，或简称IE）为例，介绍浏览器的常用功能及操作方法，本书中使用的浏览器除另有说明外均指IE 11.0。

（1）IE的启动和关闭

有如下3种方法启动Internet Explorer 11.0。

方法一：单击"快速启动工具栏（Quick Launch）"中的IE图标 。

方法二：双击桌面上的IE快捷方式图标。安装IE之后，会在桌面上建立IE 11.0的快捷方式，双击该快捷方式图标便可启动IE。

方法三：单击"开始"→"所有程序"→"Internet Explorer"，就可打开IE浏览器了。实际上，这就是在Windows环境下启动一个应用程序的过程。

（2）关闭IE

方法一：单击窗口关闭按钮 。

方法二：单击"文件"下拉菜单中的"关闭"命令。

方法三：直接按Alt+F4组合键。

（3）Internet Explorer 11.0窗口

当启动IE后，都会呈现一个页面。图6-2-1所示的是中央电视台的主页，页面不同，内容不同，但其格式是相同的，称这种格式为IE的界面，其窗口组成规则与其他Windows应用程序的窗口类似。

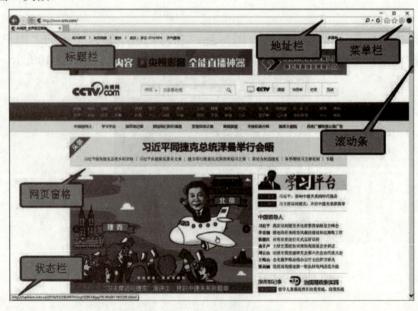

图6-2-1 中央电视台网页

（4）页面浏览

浏览通常会用到如下操作：

① 网址输入。双击桌面上IE的图标，启动浏览器，在"地址"栏中输入要浏览的网址，如www.cctv.com，然后按"Enter"键。

② 浏览页面。进入页面后即可浏览。第一页称为该站点的主页，通常都设有类似目录一样的网站索引。需要注意的是，网页上有许多链接，它们或显现不同的颜色，或有下划线，或是带有颜色的图形，最明显的标志是当鼠标光标移到其上时，光标就会变成一只小手。单击链接就可以从一个页面转到另一个页面。在浏览中，可能需要返回到前面曾经浏览过的网页，此时，可利用"标准按钮"工具栏中的"主页""后退"和"前进"等按钮来浏览最近访问过的网页。常用工具按钮的具体作用见表6-2-1。

表 6-2-1 IE 工具栏常用标准按钮作用

按钮图标	名　称	功　能
	主页	返回到启动 IE 时显示的 Web 页
	后退	返回到上一步操作访问过的 Web 页
	前进	返回到单击"后退"按钮前看过的 Web 页
	停止	可以终止当前的链接
	刷新	可重新传送该页面的内容

> **注意**
>
> 实际上，还有许多其他浏览办法，如利用"历史"按钮、"收藏夹"或"链接"栏，都可实现有目的的浏览，提高浏览效率，这些功能有待读者在实践中多认证。

2.2　使用搜索引擎

随着网络的普及，人们不再单纯地通过网络查看新闻、收看在线节目，有更多的生活事务都可以通过网络来完成，如收发邮件、定购商品、出售货物等。下面将通过网络搜索指定的信息。

第1步：双击桌面IE浏览器图标，打开网页浏览器。

第2步：在地址栏输入网址www.baidu.com，主页如图6-2-2所示。

图 6-2-2

第3步：选择需要的搜索分类，如图6-2-3所示。

图 6-2-3

第4步：进一步选择需要的搜索分类百度音乐，如图6-2-4所示。

图 6-2-4

第5步：根据喜好选取曲目。

任务3　电子邮件管理

3.1　收发电子邮件

电子邮件（E-mail）是因特网上使用最广泛的一种服务。由于电子邮件通过网络传送，具有方便、快速、不受地域或时间限制、费用低廉等优点，因此很受广大用户欢迎。下面给大家介绍电子邮件的具体应用。

（1）电子信箱的申请

第1步：打开一个IE窗口，在地址栏中输入http://www.126.com，如图6-3-1所示。

第2步：单击页面上的"注册"按钮，打开注册网页，选择"注册字母邮箱"卡。

第3步：按照网页要求填写注册资料，单击"完成"按钮即可申请成功，如图6-3-2所示。

图 6-3-1　　　　　　　　　　　　　图 6-3-2

（2）在网页页面下收发邮件

第1步：打开126免费邮箱的登录页。

第2步：正确输入用户名和密码，登录邮箱。

第3步：登录后可以看到页面被分为三部分，如图6-3-3所示。

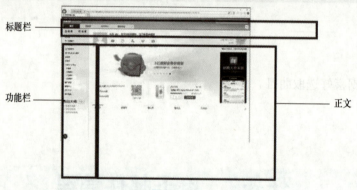

图 6-3-3

第4步：收邮件。

单击功能区"收件箱"可查看所有收到的邮件，要阅读某一邮件，就单击信件的主题。如图6-3-4所示，收取eBay的认证邮件。

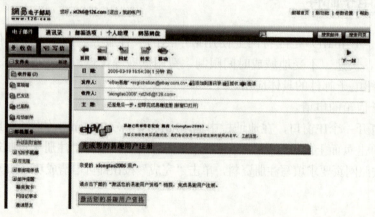

图 6-3-4

第5步：写邮件。

① 单击功能区"写信"按钮。

② 在写信页面的"发给"栏输入收件人邮箱，并填写"邮件主题"及"邮件内容"，单击"发送"按钮即可，如图6-3-5所示。

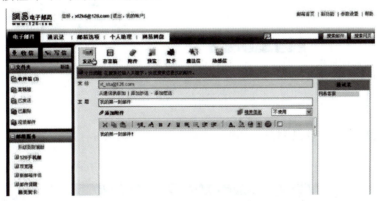

图 6-3-5

> **注意**
>
> 如需随信发送其他资料（如图片、音乐文件等），可单击"添加附件"按钮，并按照屏幕提示完成添加即可。

3.2 网络硬盘的使用

网盘，又称网络U盘、网络硬盘，是由互联网公司推出的在线存储服务，向用户提供文件的存储、访问、备份、共享等文件管理功能。用户可以把网盘看成一个放在网络上的硬盘或U盘，不管你是在家中、单位或其他任何地方，只要连接到因特网，就可以管理、编辑网盘里的文件。网盘中的文件不需要随身携带，更不怕丢失。

国内主流的网络硬盘主要有百度云网盘、360云盘、115网盘、天翼云、微云等，下面将以百度云为载体给大家介绍网络硬盘的使用方法。

第1步：打开百度网盘的地址（pan.baidu.com），单击"立即注册百度账号"，如图6-3-6所示。

第2步：根据网页引导注册新的账号，如手机注册、qq账号注册等，如图6-3-7所示。

图 6-3-6

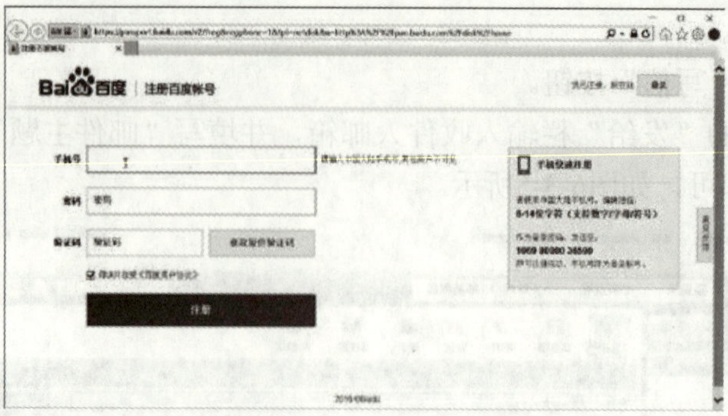

图 6-3-7

第3步：用注册账号登录网盘，如图6-3-8所示。

图 6-3-8

第4步：使用网盘分享文件。
① 打开需分享文件的目录；
② 选定分享文件，可多选也可选择目录，如图6-3-9所示；
③ 选择"分享"按钮；
④ 根据需求选择分享类型，图中选择的是"链接分享"；
⑤ 选择"创建私密链接"，如图6-3-10所示；

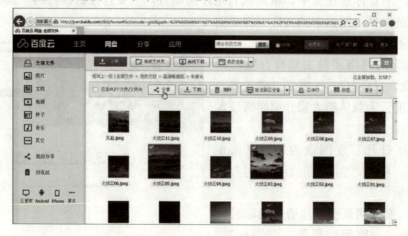

图 6-3-9

图 6-3-10

⑥ 单击"复制链接及密码"按钮，即可将链接及密码粘贴发送给好友，如图6-3-11所示。

图 6-3-11

> **注意**
>
> 不同运营商提供的免费网盘操作过程大同小异，大家根据自己的使用习惯自行选择，但需注意存储文件空间的大小。

习 题

项目一 习题

1. "CAD"的含义是（ ）。
   A. 计算机科学计算　　　　　　　　B. 办公自动化
   C. 计算机辅助设计　　　　　　　　D. 管理信息系统
2. "CAM"的含义是（ ）。
   A. 计算机辅助制造　　　　　　　　B. 计算机科学计算
   C. 计算机辅助设计　　　　　　　　D. 计算机辅助教学
3. 第二代电子计算机使用的电子器件是（ ）。
   A. 电子管　　　　　　　　　　　　B. 晶体管
   C. 集成电路　　　　　　　　　　　D. 超大规模集成电路
4. 目前，制造计算机所用的电子器件是（ ）。
   A. 电子管　　　　　　　　　　　　B. 晶体管
   C. 集成电路　　　　　　　　　　　D. 超大规模集成电路
5. 计算机病毒是（ ）。
   A. 带细菌的磁盘　　　　　　　　　B. 已损坏的磁盘
   C. 具有破坏性的特制程序　　　　　D. 被破坏的程序
6. 计算机信息单位中1 GB等于（ ）。
   A. 1 024 MB　　B. 1 024 KB　　C. 1 000 MB　　D. 1 000 KB
7. 计算机中所有信息的储存都采用（ ）。
   A. 十进制　　　B. 十六进制　　　C. ASCII码　　　D. 二进制
8. 一个完整的计算机系统包括（ ）。
   A. 计算机及其外部设备　　　　　　B. 主机、键盘、显示器
   C. 系统软件和应用软件　　　　　　D. 硬件系统和软件系统
9. 组成中央处理器（CPU）的主要部件是（ ）。
   A. 控制器和内存　　　　　　　　　B. 运算器和内存
   C. 控制器和寄存器　　　　　　　　D. 运算器和控制器
10. 十进制数29转换成二进制数为（ ）。
    A. 11101　　　B. 10101　　　　C. 11111　　　　D. 10001
11. 世界上第一台计算机ENIAC在（ ）年问世。
    A. 1946　　　　B. 1949　　　　　C. 1956　　　　　D. 1972
12. 计算机存储数据的最小单位是（ ）。

A．字节　　　　B．字　　　　　C．比特　　　　D．位
13．一个字节由（　　）位二进制数组成。
　　A．2　　　　　B．4　　　　　C．8　　　　　D．16
14．下列设备中，属于输出设备的是（　　）。
　　A．硬盘　　　　B．键盘　　　　C．鼠标　　　　D．打印机
15．断电会使原储存信息丢失的存储器是（　　）。
　　A．RAM　　　　B．硬盘　　　　C．ROM　　　　D．软盘
16．以下不是预防计算机病毒的措施的是（　　）。
　　A．建立备份　　B．专机专用　　C．不上网　　　D．定期检查
17．一个汉字的国标码需要（　　）。
　　A．1个字节　　B．2个字节　　C．4个字节　　D．8个字节
18．能直接与CPU交换信息的存储器是（　　）。
　　A．硬盘存储器　B．CD-ROM　　C．内存储器　　D．软盘存储器
19．与十六进制数AB等值的十进制数是（　　）。
　　A．171　　　　B．173　　　　C．175　　　　D．177
20．大写字母B的ASCII码的值是（　　）。
　　A．65　　　　　B．66　　　　　C．41 H　　　　D．97
21．下列字符中，ASCII码值最小的是（　　）。
　　A．a　　　　　B．B　　　　　C．x　　　　　D．Y
22．下列逻辑运算结果不正确的是（　　）。
　　A．0+0=0　　　B．1+0=1　　　C．0+1=0　　　D．1+1=1
23．磁盘属于（　　）。
　　A．输入设备　　B．输出设备　　C．内存储器　　D．外存储器
24．术语"ROM"是指（　　）。
　　A．内存储器　　　　　　　　　B．随机存取存取器
　　C．只读存储器　　　　　　　　D．只读型光盘存储器
25．术语"RAM"是指（　　）。
　　A．内存储器　　　　　　　　　B．随机存取储存器
　　C．只读存储器　　　　　　　　D．只读型光盘存储器
26．在微机中访问速度最快的存储器是（　　）。
　　A．硬盘　　　　B．软盘　　　　C．RAM　　　　D．磁带
27．下列软件中不属于应用软件的是（　　）。
　　A．人事管理系统　　　　　　　B．工资管理系统
　　C．物资管理系统　　　　　　　D．编译程序
28．运算器可以完成算术运算和（　　）运算等操作运算。
　　A．函数　　　　B．指数　　　　C．逻辑　　　　D．统计
29．计算机病毒会通过（　　）传播。
　　A．键盘　　　　B．打印机　　　C．光盘　　　　D．显示器

30. 下列软件不能防病毒的是（　　）。
    A．金山毒霸　　　B．百度杀毒　　　C．Word 2010　　　D．360杀毒
31. 决定微机性能的主要是（　　）。
    A．CPU　　　B．耗电量　　　C．质量　　　D．价格
32. 个人计算机简称为PC，这种计算机属于（　　）。
    A．微型计算机　　　　　　　　B．小型计算机
    C．超级计算机　　　　　　　　D．巨型计算机

项目二　习题

1. 计算机系统中必不可少的软件是（　　）。
   A．操作系统　　　　　　　　B．语言处理程序
   C．工具软件　　　　　　　　D．数据库管理系统
2. 操作系统的主要功能包括（　　）。
   A．运算管理、储存管理、设备管理、处理器管理
   B．文件管理、处理器管理、设备管理、储存管理
   C．文件管理、设备管理、系统管理、储存管理
   D．处理管理、设备管理、程序管理、储存管理
3. Windows 7是一种（　　）。
   A．数据库软件　　　　　　　　B．应用软件
   C．系统软件　　　　　　　　　D．中文字处理软件
4. 文件的类型可以根据（　　）来识别。
   A．文件的大小　　　　　　　　B．文件的用途
   C．文件的扩展名　　　　　　　D．文件的存储位置
4. 下列软件中，属于计算操作系统的是（　　）。
   A．Windows 7　　　　　　　　B．Word 2010
   C．Excel 2010　　　　　　　　D．PowerPoint 2010
5. 在Windows 7中，有两个对系统资源进行管理的程序组，它们是"资源管理器"和（　　）。
   A．回收站　　　B．剪贴板　　　C．我的电脑　　　D．我的文档
6. 在Window操作系统中，"Ctrl"+"C"是（　　）命令的快捷键。
   A．复制　　　B．粘贴　　　C．剪切　　　D．打印
7. 在Window 7中可以完成窗口切换的方法是（　　）。
   A．"Alt"+"Tab"　　　　　　　B．"Win"+"Tab"
   C．"Win"+"P"　　　　　　　　D．"Win"+"D"
8. 在Windows 7中，下列文件名正确的是（　　）。
   A．Myfile1.txt　　　B．file1/　　　C．A<B.C　　　D．A>B.DOC

9. Windows 7有四个默认库，分别是视频、图片、（　　）和音乐。
   A．文档　　　　　B．汉字　　　　　C．属性　　　　　D．图标
10. 正常退出Windows 7，正确的操作是（　　）。
    A．在任何时刻关掉计算机的电源
    B．选择"开始"菜单中"关闭计算机"并进入人机对话
    C．在计算机没有任何操作的状态下关掉计算机的电源
    D．在任何时刻按Ctrl+Alt+Del键
11. 在Windows 7中，按（　　）键可在各中文输入法和英文间切换。
    A．"Ctrl"+"Shift"　　　　　B．"Ctrl"+"Alt"
    C．"Ctrl"+"空格"　　　　　D．"Ctrl"+"Tab"
12. 在Windows 7中可以完成窗口切换的方法是（　　）。
    A．"Alt"+"Tab"　　　　　B．"Win"+"Tab"
    C．"Win"+"P"　　　　　D．"Win"+"D"
13. 在Windows操作系统中，"Ctrl"+"C"是（　　）命令的快捷键。
    A．复制　　　　　B．粘贴　　　　　C．剪切　　　　　D．打印
14. 记事本的默认扩展名为（　　）。
    A．.DOC　　　　　B．.COM　　　　　C．.TXT　　　　　D．.XLS
15. 在Windows 7中，（　　）桌面上的程序图标即可启动一个程序。
    A．选定　　　　　B．右击　　　　　C．双击　　　　　D．拖动
16. 在Windows 7操作系统中，将打开窗口拖动到屏幕顶端，窗口会（　　）。
    A．关闭　　　　　B．消失　　　　　C．最大化　　　　　D．最小化
17. 在Windows 7操作系统中，显示3D桌面效果的快捷键是（　　）。
    A．"Win"+"D"　　　　　B．"Win"+"P"
    C．"Win"+"Tab"　　　　　D．"Alt"+"Tab"
18. Windows 7中，文件的类型可以根据（　　）来识别。
    A．文件的大小　　　　　B．文件的用途
    C．文件的扩展名　　　　　D．文件的存放位置
19. 在下列软件中，属于计算机操作系统的是（　　）。
    A．Windows 7　　　　　B．Excel 2010
    C．Word 2010　　　　　D．PowerPoint 2010
20. 要选定多个不连续的文件或文件夹，要先按住（　　），再选定文件。
    A．"Alt"键　　　　　B．"Ctrl"键
    C．"Shift"键　　　　　D．"Tab"键
21. 在Windows 7的桌面上单击鼠标右键，将弹出一个（　　）。
    A．窗口　　　　　B．对话框　　　　　C．快捷菜单　　　　　D．工具栏
22. 下列操作系统不是微软公司开发的是（　　）。
    A．Windows Server 7　　　　　B．Win 7
    C．Linux　　　　　D．Vista

23. 被物理删除的文件或文件夹（　　）。
    A. 可以恢复   B. 可以部分恢复
    C. 不可恢复   D. 可以恢复到回收站
24. 删除某个应用程序的桌面快捷图标意味着（　　）。
    A. 该应用程序连同快捷图标一起被删除
    B. 只删除了该应用程序，快捷图标被隐藏
    C. 只删除了图标，该应用程序被保留
    D. 该应用程序连同图标一起被隐藏
25. Windows 7中任务栏上显示（　　）。
    A. 系统中保存的所有程序   B. 系统正在运行的所有程序
    C. 系统前台运行的程序   D. 系统后台运行的程序
26. 当一个应用程序窗口被最小化后，该应用程序将（　　）。
    A. 被终止执行   B. 继续在前台执行
    C. 被暂停执行   D. 转入后台执行
27. 下面是关于Windows 7文件名的叙述，错误的是（　　）。
    A. 文件名中允许使用汉字
    B. 文件名中允许使用多个圆点分隔符
    C. 文件名中允许使用空
    D. 文件名中允许使用西文字符"|"
28. 如果要完全删除文件或文件夹，可按组合键（　　）。
    A. Ctrl+F6   B. Ctrl+Shift   C. Shift+Del   D. Ctrl+Alt+Del
29. 在Windows 7中，右击"开始"按钮，弹出的快捷菜单有（　　）。
    A. "关闭"命令   B. "新建"命令
    C. 打开Windows资源管理器   D. "替换"命令
30. 在Windows 7中，打开"开始"菜单的组合键是（　　）。
    A. "Ctrl+Esc"   B. "Shift+Esc"   C. "Alt+Esc"   D. "Alt+Ctrl"
31. 在"计算机"或者"资源管理器"中，若要选定全部文件或文件夹，按（　　）键。
    A. "Alt+A"   B. "Tab+A"   C. "Ctrl+A"   D. "Shift+A"
32. 在Windows 7中，个性化设置不包括（　　）。
    A. 主题   B. 桌面背景   C. 分辨率   D. 声音
33. 下列选项中不是Windows 7中用户类型的是（　　）。
    A. 来宾账户   B. 标准账户   C. 管理员账户   D. 高级用户账户
34. 保存"画图"程序建立的文件时，默认的扩展名为（　　）。
    A. .PNG   B. .BMP   C. .GIF   D. .JPEG
35. Windows 7中录音机录制的声音文件默认的扩展名为（　　）。
    A. .MP3   B. .WAV   C. .WMA   D. .RM
36. MP3文件属于（　　）。
    A. 无损音频格式文件   B. 压缩音频格式文件

C．MIDI数字合成音乐格式文件　　　D．以上都不对
37．在Windows 7资源管理器中（　　），在右窗格的空白区域（　　），可新建文件夹。
　　A．单击鼠标左键，在弹出的菜单中选择"新建→文件夹"
　　B．单击鼠标右键，在弹出的菜单中选择"新建→文件夹"
　　C．双击鼠标左键，在弹出的菜单中选择"新建→文件夹"
　　D．三击鼠标左键，在弹出的菜单中选择"新建→文件夹"

项目三　习题

1．中文Word是（　　）。
　　A．字处理软件　　B．系统软件　　C．硬件　　D．操作系统
2．在Word的文档窗口进行最小化操作（　　）。
　　A．会将指定的文档关闭
　　B．会关闭文档及其窗口
　　C．文档的窗口和文档都没关闭
　　D．会将指定的文档从外存中读入，并显示出来
3．若想在屏幕上显示常用工具栏，应当使用（　　）。
　　A．"视图"菜单中的命令　　　　B．"格式"菜单中的命令
　　C．"插入"菜单中的命令　　　　D．"工具"菜单中的命令
4．在工具栏中，按钮的功能是（　　）。
　　A．撤销上次操作　　　　　　　B．加粗
　　C．设置下划线　　　　　　　　D．改变所选择内容的字体颜色
5．用Word进行编辑时，要将选定区域的内容放到剪贴板上，可单击工具栏中（　　）。
　　A．剪切或替换　　　　　　　　B．剪切或清除
　　C．剪切或复制　　　　　　　　D．剪切或粘贴
6．在Word中，用户同时编辑多个文档，要一次将它们全部保存，应（　　）操作。
　　A．按住Shift键，并选择"文件"菜单中的"全部保存"命令。
　　B．按住Ctrl键，并选择"文件"菜单中的"全部保存"命令。
　　C．直接选择"文件"菜单中"另存为"命令。
　　D．按住Alt键，并选择"文件"菜单中的"全部保存"命令。
7．设置字符格式用（　　）操作。
　　A．"格式"工具栏中的相关图标　　B．"常用"工具栏中的相关图标
　　C．"格式"菜单中的"字体"选项　　D．"格式"菜单中的"段落"选项
8．在使用Word进行文字编辑时，下面叙述中（　　）是错误的。
　　A．Word可将正在编辑的文档另存为一个纯文本（TXT）文件
　　B．使用"文件"菜单中的"打开"命令可以打开一个已存在的Word文档
　　C．打印预览时，打印机必须是已经开启的
　　D．Word允许同时打开多个文档

9. 使图片按比例缩放应（　　）。
   A．拖动中间的句柄　　　　　　　　B．拖动四角的句柄
   C．拖动图片边框线　　　　　　　　D．拖动边框线的句柄
10. 能显示页眉和页脚的方式是（　　）。
    A．普通视图　　　　　　　　　　　B．页面视图
    C．大纲视图　　　　　　　　　　　D．全屏幕视图
11. 在Word中，如果要使图片周围环绕文字，应选择（　　）操作。
    A．"绘图"工具栏中"文字环绕"列表中的"四周环绕"
    B．"图片"工具栏中"文字环绕"列表中的"四周环绕"
    C．"常用"工具栏中"文字环绕"列表中的"四周环绕"
    D．"格式"工具栏中"文字环绕"列表中的"四周环绕"
12. 将插入点定位于句子"飞流直下三千尺"中的"直"与"下"之间，按一下Del键，则该句子（　　）。
    A．变为"飞流下三千尺"　　　　　　B．变为"飞流直三千尺"
    C．整句被删除　　　　　　　　　　D．不变
13. 在Word中，对表格添加边框应执行（　　）操作。
    A．"格式"菜单中的"边框和底纹"对话框中的"边框"标签项
    B．"表格"菜单中的"边框和底纹"对话框中的"边框"标签项
    C．"工具"菜单中的"边框和底纹"对话框中的"边框"标签项
    D．"插入'菜单中的"边框和底纹"对话框中的"边框"标签项
14. 要删除单元格正确的是（　　）。
    A．选中要删除的单元格，按Del键
    B．选中要删除的单元格，按剪切按钮
    C．选中要删除的单元格，使用Shift+Del
    D．选中要删除的单元格，使用右键的"删除单元格"
15. 中文Word的特点描述正确的是（　　）。
    A．一定要通过使用"打印预览"才能看到打印出来的效果
    B．不能进行图文混排
    C．即点即输
    D．无法检查常见的英文拼写及语法错误
16. 在Word中，调整文本行间距应选取（　　）。
    A．"格式"菜单中"字体"中的行距　　B．"插入"菜单中"段落"中的行距
    C．"视图"菜单中的"标尺"　　　　　D．"格式"菜单中"段落"中的行距
17. 在Word主窗口的右上角，可以同时显示的按钮是（　　）。
    A．最小化、还原和最大化　　　　　B．还原、最大化和关闭
    C．最小化、还原和关闭　　　　　　D．还原和最大化
18. 新建Word文档的快捷键是（　　）。
    A．Ctrl+N　　　　B．Ctrl+O　　　　C．Ctrl+C　　　　D．Ctrl+S

19. Word的页边距可以通过（   ）设置。
    A．"页面"视图下的"标尺"   B．"格式"菜单下的段落
    C．"文件"菜单下的"页面设置"   D．"工具"菜单下的"选项"
20. 在Word中要使用段落插入书签应执行（   ）操作。
    A．"插入"菜单中的"书签"命令   B．"格式"菜单中的"书签"命令
    C．"工具"菜单中的"书签"命令   D．"视图"菜单中的"书签"命令
21. 下面对Word编辑功能的描述中错误的是（   ）。
    A．Word可以开启多个文档编辑窗口
    B．Word可以将多种格式的系统时期、时间插入到插入点位置
    C．Word可以插入多种类型的图形文件
    D．使用"编辑"菜单中的"复制"命令可将已选中的对象拷贝到插入点位置
22. 在使用Word进行文字编辑时，下面叙述中错误的是（   ）。
    A．Word可将正在编辑的文档另存为一个纯文本（TXT）文件
    B．使用"文件"菜单中的"打开"可以打开一个已存在的Word文档
    C．打印预览时，打印机必须是已经开启的
    D．Word允许同时打开多个文档
23. 在Word中，如果要在文档中层叠图形对象，应执行（   ）操作。
    A．"绘图"工具栏中的"叠放次序"命令
    B．"绘图"工具栏中的"绘图"菜单中的"叠放次序"命令
    C．"图片"工具栏中的"叠放次序"命令
    D．"格式"工具栏中的"叠放次序"命令
24. 在Word中，要给图形对象设置阴影，应执行（   ）操作。
    A．"格式"工具栏中的"阴影"命令
    B．"常用"工具栏中的"阴影"命令
    C．"格式"工具栏中的"阴影"命令
    D．"绘图"工具栏中的"阴影"命令
25. 在编辑一个Word文档完毕后，要想知道它打印后的结果，可使用（   ）功能。
    A．打印预览   B．模拟打印   C．提前打印   D．屏幕打印
26. 在Word中要删除表格中的某单元格，应执行（   ）操作。
    A．选定所要删除的单元格，选择"表格"菜单中的"删除单元格"命令
    B．选定所要删除的单元格所在的列，选择"表格"菜单中的"删除行"命令
    C．选定所要删除的单元格所在列，选择"表格"菜单中的"删除列"命令
    D．选定所要删除的单元格，选择"表格"菜单中的"单元格高度和宽度"命令
27. 在Word中，将表格数据排序应执行（   ）操作。
    A．"表格"菜单中的"排序"命令   B．"工具"菜单中的"排序"命令
    C．"表格"菜单中的"公式"命令   D．"工具"菜单中的"公式"命令
28. 在Word中，若要删除表格中的某单元格所在行，则应将"删除单元格"对话框中（   ）。

A. 右侧单元格左移 B. 下方单元格上移
C. 整行删除 D. 整列删除

29. 在Word中要对某一单元格进行拆分，应执行（　　）操作。
A. "插入"菜单中的"拆分单元格"命令
B. "格式"菜单中的"拆分单元格"命令
C. "工具"菜单中的"拆分单元格"命令
D. "表格"菜单中的"拆分单元格"命令

30. 以下操作不能退出Word的是（　　）。
A. 单击标题栏左端控制菜单中的"关闭"命令
B. 单击文档标题栏右端的"×"按钮
C. 单击"文件"菜单中的"退出"命令
D. 单击应用程序窗口标题栏右端的"×"按钮

31. Word只有在（　　）模式下才会显示页眉和页脚。
A. 普通　　　B. 图形　　　C. 页面　　　D. 大纲

32. Word文档的段落标记位于（　　）。
A. 段落的首部 B. 段落的结尾处
C. 段落的中间位置 D. 段落中，但用户找不到的位置

33. 下列有关Word格式刷的叙述中，（　　）是正确的。
A. 格式刷只能复制纯文本的内容
B. 格式刷只能复制纯字体的格式
C. 格式刷只能复制段落的格式
D. 格式刷既可复制字体的格式，也可复制段落的格式

34. 在Word中编辑时，文字下面有红色波浪下划线，表示（　　）。
A. 已修改过的文档 B. 对输入的确认
C. 可能是拼写错误 D. 可能的语法错误

35. 下列情况下无需切换至页面视图的是（　　）？
A. 设置文本格式 B. 编辑页眉
C. 插入文本框 D. 显示分栏结果

36. 在Word 2010中，退出Word的最快方法是用（　　）快捷键。
A. Alt+F4　　B. Alt+F5　　C. Ctrl+F4　　D. Alt+Shift

37. 在Word 2010中，可以很直观地改变段落缩进方式，调整左右边界和改变表格的列宽，应该利用（　　）。
A. 字体　　　B. 样式　　　C. 标尺　　　D. 编辑

38. 在Word 2010软件中，下列操作中能够切换"插入和改写"两种编辑状态的是（　　）。
A. 按Ctrl+I
B. 按Shift+I
C. 用鼠标单击状态栏中的"插入"或"改写"
D. 用鼠标单击状态栏中的"修订"

39. Word 2010文档的默认扩展名为（　　）。
    A．.txt　　　　　B．.doc　　　　　C．.docx　　　　D．.jpg
40. 在Word 2010的编辑状态中，可以显示页面四角的视图方式是（　　）。
    A．草稿视图方式　　　　　　　　B．大纲视图方式
    C．页面视图方式　　　　　　　　D．阅读版式视图
41. 在Word 2010中，要新建文档，其第一步操作应该选择（　　）选项卡。
    A．"视图"　　　B．"开始"　　　C．"插入"　　　D．"文件"
42. 在Word 2010的编辑状态，打开了一个文档编辑，再进行"保存"操作后，该文档（　　）。
    A．被保存在原文件夹下　　　　　B．被保存在已有的其他文件夹下
    C．可以保存在新建文件夹下　　　D．保存后文档被关闭
43. 不选择文本，设置Word 2010字体，则（　　）。
    A．不对任何文本起作用　　　　　B．对全部文本起作用
    C．对当前文本起作用　　　　　　D．对插入点后新输入的文本起作用
44. 在Word 2010文档中设置页码应选择的选项卡是（　　）。
    A．"文件"　　　B．"开始"　　　C．"插入"　　　D．"视图"
45. 在Word 2010编辑状态下，绘制文本框命令按钮所在的选项卡是（　　）。
    A．"引用"　　　　　　　　　　　B．"插入"
    C．"开始"　　　　　　　　　　　D．"视图"
46. 在Word 2010中，要使用"格式刷"命令按钮，应该先选择（　　）选项卡。
    A．"引用"　　　B．"插入"　　　C．"开始"　　　D．"视图"
47. Word 2010的替换功能在"开始"选项卡的（　　）组中。
    A．"剪贴板"　　B．"字体"　　　C．"段落"　　　D．"编辑"
48. 在Word 2010的编辑状态中，如果要输入希腊字母Ω，则需要使用的选项卡是（　　）。
    A．"引用"　　　B．"插入"　　　C．"开始"　　　D．"视图"
49. 在Word编辑状态下，对当前文档中的文字进行"字数统计"操作，应当使用的功能区是（　　）。
    A．字体功能区　　　　　　　　　B．段落功能区
    C．样式功能区　　　　　　　　　D．校对功能区
50. 在Word 2010中，打印页码5-7，9，10表示打印的页码是（　　）。
    A．第5、7、9、10页　　　　　　B．第5、6、7、9、10页
    C．第5、6、7、8、9、10页
51. 要在Word 2010文档中创建表格，应使用（　　）。
    A．"开始"　　　B．"插入"　　　C．"页面布局"　　D．"视图"

项目四　习题

1. Excel 2010工作簿文件的默认扩展名为（　　）。

A．.docx   B．.xlsx   C．.pptx   D．.xls
2. 在Excel 2010操作中，工作簿是指（　　）。
   A．图表   B．程序设计软件
   C．用来存储和处理数据的文件   D．操作系统
3. 对于新安装的Excel 2010，一个新建的工作簿文件默认的工作表个数为（　　）。
   A．1   B．2   C．3   D．255
4. 当向Excel 2010工作簿文件中插入一张电子工作表时，默认的表标签中的英文单词为（　　）。
   A．Sheet   B．Book   C．Table   D．List
5. 在Excel 2010的操作界面中，整个编辑栏被分为左、中、右三个部分，左面部分显示出（　　）。
   A．活动单元格的行号   B．活动单元格的列标
   C．某个单元格名称   D．活动单元格名称（也叫单元格地址）
6. 在Excel 2010的电子工作表中建立的数据表，通常把每一行称为一个（　　）。
   A．记录   B．二维表   C．属性   D．关键字
7. 在Excel 2010中，若一个单元格的地址为D3，则其右边紧邻的一个单元格的地址为（　　）。
   A．F3   B．D4   C．E3   D．D2
8. 一个Excel工作表中，第5行第4列的单元格地址是（　　）。
   A．5D   B．4E   C．D5   D．E4
9. 在Excel 2010主界面窗口中不包含（　　）。
   A．"插入"选项卡   B．"输出"选项卡
   C．"开始"选项卡   D．"数据"选项卡
10. 在Excel 2010中，要对数据表进行自动筛选，首先要单击（　　）选项卡。
    A．"开始"   B．"页面布局"   C．"公式"   D．"数据"
11. 在Excel 2010中，若要输入18位身份证号，应选择（　　）单元格格式。
    A．数值   B．科学记数   C．文本   D．常规
12. 在Excel 2010中，如果只需要删除所选区域的内容，则应执行的操作为（　　）。
    A．"清除"→"全部清除"   B．"清除"→"清除内容"
    C．"清除"→"清除格式"   D．"清除"→"清除批注"
13. 在Excel 2010中，将3、4两行选定，然后进行插入行操作，下面正确的表述是（　　）。
    A．在行号2和3之间插入两个空行   B．在行号3和4之间插入两个空行
    C．在行号4和5之间插入两个空行   D．在行号3和4之间插入一个空行
14. 使用单元格地址$D$1可以引用工作表第D列第1行的单元格，这称为对单元格地址的（　　）。
    A．混合引用   B．相对引用   C．绝对引用   D．交叉引用
15. 如果在某一单元格写入公式=Average（B2：F4），则求平均值一共有（　　）个单元格。

A. 5　　　　　　B. 10　　　　　　C. 15　　　　　　D. 20

16. 在Excel 2010中，函数公式=SUM（10，min（15，max（2，1），3））,其结果为（　　）。
    A. 10　　　　　B. 12　　　　　　C. 14　　　　　　D. 15

17. 在Excel 2010中，公式必须以（　　）开头。
    A. $　　　　　B. *　　　　　　C. =　　　　　　D. 可以任意

18. 在Excel 2010中，求最大值的函数为（　　）。
    A. SUM　　　　B. AVERAGE　　　C. VLOOK　　　　D. MAX

19. 在Excel 2010中，函数SUM（B1:B4）等价于（　　）。
    A. SUM（A1：B4B1：C4）　　　　　B. SUM（B1+B4）
    C. SUM（B1+B2B3+B4）　　　　　D. SUM（B1，B2，B3，B4）

20. 下列选项中，（　　）是Excel 2010中公式的正确输入形式。
    A. A1+A9　　　　　　　　　　　　B. =SUM[A1:F8]
    C. =B5*C2+A1　　　　　　　　　　D. =1.56*Sheet！B2

21. 在工作表D7单元格内输入公式=A7+$B$4并确定后，把D7中的公式拷贝到D8单元格，其对应的公式为（　　）。
    A. =A8+$B$4　　B. =A7+$B$4　　C. =A8+$B$5　　D. =A7+$B$5

22. 在Excel 2010中，在A1单元格中输入"办公软件"，B1单元格中输入"2016"，则公式"=A1+B1"产生的错误值为（　　）。
    A. #N/A!　　　B. #DIV/O!　　　C. #NUM!　　　D. #VALUE!

23. 在Excel 2010的单元个中，如果要输入日期型数据"2016年3月18日"，则应输入（　　）。
    A. 2016-3-18　B. '2016-3-18　C. =2016-3-18　D. "2016-3-18"

24. 工作表的单元格如图所示，计算工资为800元的职工的销售总额，应在C6单元格中输入计算公式（　　）。

	A	B	C
1	工资	销售额	奖金
2	800	23 571	
3	1 000	3 168	
4	800	5 168	
5	1 200	1 123	

　　A. =SUM（A2：A5）　　　　　　　　B. =SUMIF（A2：A5，800，B2：B5）
　　C. =COUNTIF（A2：A5，800）　　　　D. =SUMIF（B2：B5，800，A2：A5）

25. 假定单元格内的数字为2016，将其格式设定为"#,##0.00"，则将显示为（　　）。
    A. 2,016.00　　B. 2.016　　　C. 2,016　　　D. 2016.0

26. 在Excel 2010中，单元格A1为数值1，在B1输入公式=IF（A1>0,"Yes","No"），结果B1为（　　）。
    A. Yes　　　　B. No　　　　　C. 不确定　　　D. 空白

27. 在Excel 2010中，公式"COUNT（C2：E3）"的含义是（　　）。
    A．计算区域C2：E3内数值的和　　　　B．计算区域C2：E3内数值的个数
    C．计算区域C2：E3内字符的个数　　　D．计算区域C2：E3内数值为0的个数
28. 在Excel 2010中，各运算符号的优先级由高到低的顺序为（　　）。
    A．字符运算符、数学运算符、比较运算符
    B．数学运算符、字符运算符、比较运算符
    C．比较运算符、字符运算符、数字运算符
    D．数学运算符、比较运算符、字符运算符
29. 在Excel 2010中，处理学生成绩单时，对不及格的成绩用醒目的方式表示，当处理大量学生的成绩时，利用（　　）命令最为方便。
    A．查找　　　B．条件格式　　　C．数据筛选　　　D．定位
30. 在Excel 2010中，对数据表进行排序时，在"排序"对话框中能够制定的排序关键字个数限制为（　　）。
    A．1个　　　B．2个　　　C．3个　　　D．任意
31. 在Excel 2010中，若需要将工作表中某列上大于某个值的记录挑选出来，应执行数据菜单中的（　　）。
    A．排序命令　　　　　　　　　B．筛选命令
    C．分类汇总命令　　　　　　　D．合并计算命令
32. 在Excel 2010高级筛选中，条件区域中不同行的条件是（　　）。
    A．“或”关系　　　　　　　　B．“与”关系
    C．“非”关系　　　　　　　　D．“异或”关系
33. 在Excel 2010中，假定存在着一个职工简表，要对职工工资按职称属性进行分类汇总，则在分类汇总前必须进行数据排序，所选择的关键字为（　　）。
    A．性别　　　B．职工号　　　C．工资　　　D．职称
34. 在Excel 2010中创建图表，首先要打开（　　）选项卡，然后在"图表"组中操作。
    A．开始　　　B．插入　　　C．公式　　　D．数据
35. Excel中的图表是用于（　　）。
    A．可视化地显示数字　　　　　B．可视化地显示文本
    C．可以说明一个进程　　　　　D．可以显示一个组织的结构
36. 下面关于图表与数据源关系的叙述中，正确的是（　　）。
    A．图表中的标记对象会随着数据源中的数据变化而变化
    B．数据源中的数据会随着图表中标记的变化而变化
    C．删除数据源中某个单元格的数据时，图表中某数据点也会随之被自动删除
    D．以上都是正确的说法
37. 能够表现个体与整体之间关系的图表类型是（　　）。
    A．柱形图　　　B．条形图　　　C．饼图　　　D．折线图
38. 在Excel 2010的图表中，水平X轴通常作为（　　）。
    A．排序轴　　　B．分类轴　　　C．数值轴　　　D．时间轴

39. 在Excel 2010中，能够很好地通过扇形反映每个对象的一个属性值在总值当中占比例大小的图表类型是（　　）。
    A．柱形图　　　　B．XY散点图　　　C．饼图　　　　D．折线图
40. 在Excel 2010中，所建立的图表（　　）。
    A．只能插入数据源工作表中
    B．只能插入一个新的工作表中
    C．可以插入数据源工作表，也可以插入新工作表中
    D．既不能插入数据源工作表，也不能插入新工作表中
41. 在Excel 2010中，表示逻辑值为真的标识符为（　　）。
    A．F　　　　　　B．T　　　　　　C．FALSE　　　　D．TRUE
42. 在Excel 2010中，输入数字作为文本使用时，需要输入的先导字符是（　　）。
    A．逗号　　　　B．分号　　　　　C．单引号　　　　D．双引号
43. 在Excel 2010的工作表中，行和列（　　）。
    A．都可以被隐藏　　　　　　　　C．都不可以被隐藏
    B．只能隐藏行，不能隐藏列　　　D．只能隐藏列，不能隐藏行
44. 在Excel 2010"单元格"对话框中，不存在的选项卡为（　　）。
    A．数字　　　　B．对齐　　　　　C．保存　　　　　D．填充
45. 在Excel 2010中，利用"查找和替换"对话框（　　）。
    A．只能做替换　　　　　　　　　B．只能做查找
    C．只能一一替换，不能全部替换　D．既能查找，又能替换
46. 在Excel 2010的页面设置中，不能设置（　　）。
    A．纸张大小　　B．每页字数　　　C．页边距　　　　D．页眉/页脚
47. 在Excel 2010中，数据源发生变化时，相应的图表（　　）。
    A．手动跟随变化　　　　　　　　B．自动跟随变化
    C．不跟随变化　　　　　　　　　D．不受任何影响

项目五　习题

1. 在演示文稿中只播放几张不连续的幻灯片，应在（　　）中设置。
    A．"幻灯片放映"中的"设置幻灯片放映"
    B．"幻灯片放映"中的"自定义幻灯片放映"
    C．"幻灯片放映"中的"广播幻灯片"
    D．"幻灯片放映"中的"录制演示文稿"
2. 演示文稿中每张幻灯片都是基于某种（　　）创建的，它预定义了新建幻灯片的各种占位符布局情况。
    A．视图　　　　B．版式　　　　　C．母板　　　　　D．模板
3. 下列操作中，不能退出PowerPoint的操作是（　　）。
    A．单击"文件"下拉菜单中的"关闭"命令

B. 单击"文件"下拉菜单中的"退出"命令
C. 按Alt+F4快捷键
D. 双击PowerPoint窗口的控制菜单图标

4. 在PowerPoint的（　　）视图中，用户可以看到画面在上下两半，上面是幻灯片，下面是文本框，可以记录演讲者讲演时所需的一些提示重点。
　　A. 备注页　　　　　　　　　　B. 幻灯片浏览
　　C. 幻灯片视图　　　　　　　　D. 黑白视图

5. PowerPoint的（　　）视图以条目的形式显示，并在右边显示幻灯片的预览效果。
　　A. 普通　　　B. 幻灯片浏览　　C. 备注页　　D. 幻灯片

6. PowerPoint是制作演示文稿的软件。一旦演示文稿制作完毕，下列相关说法中错误的是（　　）。
　　A. 可以制成标准的幻灯片，在投影仪上显示出来
　　B. 不可以把它们打印出来
　　C. 可以在计算机上演示
　　D. 可以加上动画、声音等效果

7. 在幻灯片的放映过程中要中断放映，可以直接按（　　）键。
　　A. Alt+F4　　B. Ctrl+X　　　　C. Esc　　　　D. End

8. PowerPoint 2010文件的扩展名是（　　）。
　　A. .ppt　　　B. .pptx　　　　C. docx　　　D. xlsx

9. 关于幻灯片主题的说法，错误的是（　　）。
　　A. 可以应用于所有幻灯片　　　B. 可以应用于指定幻灯片
　　C. 可以对已使用的主题进行更改　D. 可以在"文件/选项"中更改

10. 在演示文稿中，备注视图中的注释信息在文稿演示时一般（　　）。
　　A. 会显示　　B. 不会显示　　C. 显示一部分　D. 黑白视图

11. 对于幻灯片中插入音频，下列叙述错误的是（　　）。
　　A. 可以循环播放，直到停止　　B. 可以播完返回开头
　　C. 可以插入录制的音频　　　　D. 插入音频后显示的小图标不可以隐藏

12. 设置放映时，不加旁白是在（　　）下设置。
　　A. 自定义幻灯片放映　　　　　B. 设置幻灯片放映
　　C. 广播幻灯片　　　　　　　　D. 排练计时

13. PowerPoint 2010提供了文件（　　）功能，可以将演示文稿、所链接的各种声音、图片等外部文件，以及有关的播放程序都放在一起。
　　A. 定位　　　B. 另存为　　　　C. 存储　　　D. 打包

14. 要使幻灯片在放映时能够自动播放，需要为其设置（　　）。
　　A. 预设动画　B. 排练计时　　　C. 动作按钮　D. 录制旁白

15. 不能作为PowerPoint 2010演示文稿的插入对象的是（　　）。
　　A. 图表　　　　　　　　　　　B. Excel工作簿
　　C. 图像文档　　　　　　　　　D. Windows操作系统

16. PowerPoint 2010中"自定义动画"是指（　　）。
    A. 设置幻灯片放映时间　　　　　B. 插入Flash动画
    C. 为幻灯片中的对象添加动画效果　D. 设置幻灯片的放映方式
17. 在PowerPoint 2010中，不能为（　　）添加超级链接。
    A. 图形和图片　　　　　　　　　B. 页面背景
    C. 艺术字　　　　　　　　　　　D. 文本
18. 若要在PowerPoint 2010中插入图片，下列说法错误的是（　　）。
    A. 允许插入在其他图形程序中创建的图片
    B. 为了将某种格式的图片插入幻灯片中，必须安装相应的图形过滤器
    C. 选择插入菜单中的"图片"命令，再选择"来自文件"
    D. 在插入图片前，不能预览图片
19. 在PowerPoint 2010中，下列有关表格的说法错误的是（　　）。
    A. 要向幻灯片中插入表格，需切换到普通视图
    B. 要向幻灯片中插入表格，需切换到幻灯片视图
    C. 不能在单元个中插入斜线
    D. 可以分拆单元格
20. 在PowerPoint 2010的（　　）下，可用拖动方法改变幻灯片的顺序。
    A. 幻灯片视图　　　　　　　　　B. 备注页视图
    C. 幻灯片浏览视图　　　　　　　D. 幻灯片放映
21. PowerPoint 2010中设置幻灯片对象的动画效果时，可以设置（　　）。
    A. 对象的进入、退出效果　　　　B. 动画播放的触发条件
    C. 动画播放的时间和顺序　　　　D. 以上全部
22. 在PowerPoint 2010中，特殊的字符和效果（　　）。
    A. 可以大量使用，用得越多，效果越好
    B. 同背景的颜色相同
    C. 适当使用以达到最佳效果
    D. 只有在标题片中使用
23. 在PowerPoint 2010幻灯片视图中，如果当前是一张没有文字的幻灯片，要想输入文字，（　　）。
    A. 应当直接输入新的文字
    B. 应当首先插入一个新的文本框
    C. 必须更改该幻灯片的版式，使其能含有文字
    D. 必须切换到大纲视图中去输入
24. 为了在幻灯片浏览视图中一次可看到更多的幻灯片，应（　　）。
    A. 加大"显示比例"按钮中的百分比值
    B. 单击"观看更多的幻灯片"按钮
    C. 减小"显示比例"按钮中的百分比值
    D. 减小幻灯片集窗口的尺寸

25. 在大纲视图中删除不需要的幻灯片的方法是按（　　）键。
    A. Delete　　　　B. Esc　　　　C. End　　　　D. 退出
26. 在PowerPoint的（　　）下，可以用拖动方法改变幻灯片的顺序。
    A. 幻灯片视图　　　　　　　　B. 备注页视图
    C. 幻灯片浏览视图　　　　　　D. 幻灯片放映
27. PowerPoint 2010的模板是另存为.pptx文件的一张幻灯片或一组幻灯片的图案或蓝图，它可以包含版式、主题颜色、主题字体、主题效果以及（　　）。
    A. 背景样式和内容　　　　　　B. 声音效果和内容
    C. 声音效果和动画　　　　　　D. 背景样式和动画
28. 在PowerPoint中，有关人工设置放映时间的说法中错误的是（　　）。
    A. 只有单击鼠标时换页　　　　B. 可以设置在单击鼠标时换页
    C. 可以设置每隔一段时间自动换页　　D. B、C两种方法可以换页
29. PowerPoint 2010的"主题颜色"是指演示文稿中使用的颜色的集合，下列关于它的说法不正确的是（　　）。
    A. 一个演示文稿可以使用多套主题颜色
    B. 通过设置主题颜色可以设定幻灯片中超链接的颜色
    C. 主题颜色只能应用不能编辑
    D. 主题颜色对幻灯片中文本的字体颜色做了设定
30. 在PowerPoint 2010的幻灯片中建立超链接有两种方式：通过把某对象作为超链接和（　　）。
    A. 文本框　　　　B. 文本　　　　C. 图片　　　　D. 动作按钮
31. 如果要从一张幻灯片"溶解"到下一张幻灯片，应使用（　　）。
    A. 动作设置　　　　B. 添加动画　　　　C. 幻灯片切换　　　　D. 页面设置
32. 在PowerPoint 2010中，若想设置幻灯片中"图片"对象的动画效果，在选中"图片"对象后，应选择（　　）。
    A. "动画"选项卡下的"添加动画"按钮
    B. "幻灯片放映"选项卡
    C. "设计"选项卡下的"效果"按钮
    D. "切换"选项卡下的"换片方式"按钮
33. 在PowerPoint 2010中，从头播放幻灯片文稿时，需要跳过第5～9张幻灯片接续播放，应设置（　　）。
    A. 隐藏幻灯片　　　　　　　　B. 设置幻灯片版式
    C. 幻灯片切换方式　　　　　　D. 删除第5～9张幻灯片
34. 下列说法正确的是（　　）。
    A. 在PowerPoint 2010中不能为占位符设置超链接
    B. 在PowerPoint 2010中不能为单元格设置超链接
    C. 在PowerPoint 2010中不能为文本框设置超链接
    D. 在PowerPoint 2010中不能为自选图形插入超链接

35．以下不是Power Point 2010放映类型的是（　　）。
   A．演讲者放映　　　　　　　　B．观众自行浏览
   C．在展台浏览　　　　　　　　D．网页浏览
36．对对象出入动画的说法正确的是（　　）。
   A．可插入两个进入动画效果
   B．可插入三个不同（进入、强调、推出）的动画效果
   C．只能插入一种动画效果
   D．可插入三种以上的动画效果
37．以下添加超链接或动作设置的方法不正确的是（　　）。
   A．右击对象/超链接　　　　　　B．插入/动作
   C．动画/动作设置　　　　　　　D．插入/超链接
38．以下说法正确的是（　　）。
   A．在PowerPoint 2010不能把文件保存为xml格式
   B．在PowerPoint 2010能把文件保存为xls格式
   C．在PowerPoint 2010能把文件保存为jpg格式
   D．在PowerPoint 2010中不能把文件保存为pdf格式
39．在PowerPoint 2010中自定义幻灯片的主题颜色，不可以实现（　　）设置。
   A．幻灯片中的文本颜色
   B．幻灯片中的背景颜色
   C．幻灯片中超级链接和已访问超链的颜色
   D．幻灯片中强调文字的颜色
40．以下不是PowerPoint 2010的功能区中的是（　　）。
   A．选项卡　　　　　　　　　　B．快速访问工具栏
   C．菜单栏　　　　　　　　　　D．工具组

项目六　习题

1．IP地址能唯一地确定Internet上每台计算机与每个用户的（　　）。
   A．距离　　　B．费用　　　C．位置　　　D．时间
2．"www.baidu.com"是Internet中主机的（　　）。
   A．硬件编码　　B．密码　　　C．软件编码　　D．域名
3．Bell@sina.com是Internet用户的（　　）。
   A．WWW地址　　　　　　　　B．硬件地址
   C．FTP服务器名　　　　　　　D．电子邮件地址
4．一所学校内部网络一般属于（　　）。
   A．互联网　　B．广域网　　C．城域网　　D．局域网
5．用户从远程计算机上拷贝文件到自己的计算机上，称为（　　）。
   A．上传　　　B．粘贴　　　C．下载　　　D．复制

6. 在Internet上浏览时，浏览器和WWW服务器之间传输网页使用的协议是（　　）。
   A．TCP/IP   B．HTTP   C．SMIP   D．Telnet
7. HTTP是（　　）。
   A．超文本传输协议   B．远程登录协议
   C．文件传输协议   D．统一资源定位器
8. 若网络形状是由站点和连接站点的链路组成的一个闭合环，则称这种拓扑结构为（　　）。
   A．星形拓扑   B．总线拓扑   C．环形拓扑   D．树形拓扑
9. TCP协议工作在（　　）。
   A．应用层   B．传输层   C．物理层   D．链路层
10. 在局域网中不能共享（　　）。
    A．硬盘   B．文件夹   C．显示器   D．打印机
11. 计算机网络的基本分类方法有两种：一种是根据网络所使用的传输技术，另一种是根据（　　）。
    A．网络协议   B．网络操作系统类型
    C．覆盖范围与规模   D．网络服务器类型与规模
12. 星型拓扑结构的优点是（　　）。
    A．易实现、易维护、易扩充
    B．单个结点的故障不会影响到网络的其他部分
    C．易于扩充与故障隔离
    D．系统的可靠性高
13. 计算机网络的目标是实现（　　）。
    A．文献检索   B．运行速度快 C．资源共享   D．数据处理
14. 在局域网中，用户共享文件夹时，以下说法不正确的是（　　）。
    A．能读取和复制文件夹中的文件   B．可以复制文件夹中的文件
    C．可以更改文件夹中的文件   D．不能读取文件夹中的文件
15. 一般来说，计算机网络可以提供的功能有（　　）。
    A．资源共享、综合信息服务   B．信息传输与集中处理
    C．均衡负荷与分布处理   D．以上都是
16. 计算机之间的相互通信需要遵守共同的规则（或约定），这些规则叫作（　　）。
    A．准则   B．协议   C．规范   D．以上都不是
17. 调制解调器（modem）的功能是实现（　　）。
    A．数字信号的编码
    B．数字信号的整形
    C．模拟信号的放大
    D．模拟信号与数字信号的转换（而且是相互转换）
18. ADSL技术主要解决的问题是（　　）。
    A．宽带传输   B．宽带接入

C．宽带交换 D．多媒体综合网络

19. 下列IP地址中，非法的IP地址组是（　　）。
    A． 255.255.255.0与10.10.2.1
    B． 129.0.1.2与192.168.0.35
    C． 202.155.23.2与202.156.12.33
    D． 192.168.259.1与200.168.155.187

20. 中国的顶级域名是（　　）。
    A．china　　　B．ch　　　C．cn　　　D．chn

21. 域名www.wuhan.gov.cn中的gov、cn分别表示（　　）。
    A．商业、美国 B．政府、中国
    C．科研、中国 D．政府、美国

22. 下列不属于一般互联网交流形式的是（　　）。
    A．QQ　　　B．BBS　　　C．博客　　　D．Word

23. 在互联网上，传输文件协议是（　　）。
    A．HTTP　　　B．SMTP　　　C．FTP　　　D．telnet

24. 利用因特网提供的博客服务，可以申请并获得自己的个性化博客空间。关于博客，下列说法不正确的是（　　）。
    A．博客是一种特殊的网络服务，它是继E-mail、BBS等之后出现的又一种网络交流方式
    B．博客也可以用声音做"播客"，发帖内容可以不受任何限制
    C．我们可以通过博客将极富个性化的思想、见闻以及个人收集的知识以"帖子"的形式发布到网上
    D．博客基于网页，采用类似于个人网站的表现形式

25. IE浏览器中收藏夹的主要功能是（　　）。
    A．收藏网站的图片 B．保存电子邮件
    C．收藏浏览网页的历史记录 D．保存当前网页的地址

26. 关于搜索引擎的说法错误的是（　　）。
    A．元搜索引擎是一种建立在搜索引擎之上的搜索引擎
    B．分类目录型搜索引擎查准率高
    C．关键词索引型搜索引擎查全率高
    D．只要多用几个逻辑命令符号就可以一次找到结果

27. 下列（　　）软件的主要功能是浏览网页。
    A．Outlook　　　B．CuteFTP　　　C．RAR　　　D．IE

28. 某同学想以《爱的奉献》作为作品的背景音乐，呼吁全社会都来关心残障人士，献出自己的一份爱心。但他手头上没有该素材，他应使用（　　）方法，才能最快地搜索到歌曲并试听。
    A．打开搜狐主页，在搜索框中输入"爱的奉献"
    B．打开雅虎主页，在搜索框中输入"爱的奉献"

C. 打开百度MP3搜索，在搜索框中输入"爱的奉献"

D. 打开百度主页，在搜索框中输入"爱的奉献"

29. 王先生在外地出差，需要携带大量的文件，最方便快捷的方法是使用（　　）。
    A. 邮箱　　　　B. QQ传输　　　　C. 网络硬盘　　　　D. 移动硬盘

30. 通过计算机网络收发电子邮件，不需要做的工作是（　　）。
    A. 如果是发邮件，需要知道接收者的E-mail地址
    B. 拥有自己的电子邮箱
    C. 将本地计算机与Internet网连接
    D. 启动Telnet远程登录到对方主机

31. 以下关于防火墙的说法，不正确的是（　　）。
    A. 防火墙是一种网络隔离技术
    B. 防火墙的主要工作原理是对数据包及来源进行检查，阻隔被拒绝的数据
    C. 防火墙的主要功能是查杀病毒
    D. 尽管利用防火墙可以保护网络免受外部黑客的攻击，提高网络的安全性，但不可能保证网络绝对安全

32. 在撰写邮件时，在收件人对话框的"收件人"栏中（　　）。
    A. 只能输入一个人的收件地址
    B. 只能输入多个人的邮件地址
    C. 既可以输入一个人的收件地址，又可以输入多个人的收件地址
    D. 只能输入收件人的姓名

33. 小明写了一份研究性学习结题报告电子文档，投稿前就稿子审阅修订问题需要与身在国外留学的叔叔进行较长时间的交流。你认为小明应该采用的较合理的信息交流方式是（　　）。
    A. 电报　　　　B. 电话　　　　C. 书信　　　　D. 电子邮件

34. 小红要将已完成的英语第1～3章的练习共3个文件，通过电子邮件发给英语老师，她可采用的最简捷方法是（　　）。
    A. 将3个文件分别作为邮件的附件，一次发送出去
    B. 将3个文件放入"英语作业"文件夹，再将"英语作业"文件夹作为附件，一次发送
    C. 将3个文件压缩打包为一个文件，作为邮件的附件发送
    D. 将3个文件分别作为3个邮件的附件，分别发送

35. 在因特网电子邮件系统中，电子邮件应用程序（　　）。
    A. 发送邮件和接收邮件通常都使用SMTP协议
    B. 发送邮件通常使用SMTP协议，而接收邮件通常使用POP3协议
    C. 发送邮件通常使用POP3协议，而接收邮件通常使用SMTP协议
    D. 发送邮件和接收邮件通常都使用POP3协议

36. HTML是指（　　）。
    A. 超文本标记语言　　　　　　　　B. 超文本文件

C．超媒体文件 D．超文本传输协议

37．URL的含义是（　　）。

A．信息资源在网上什么位置和如何访问的统一的描述方法

B．信息资源在网上什么位置及如何定位寻找的统一的描述方法

C．信息资源在网上的业务类型和如何访问的统一的描述方法

D．信息资源的网络地址的统一描述方法

38．下列关于Internet临时文件的说法，正确的是（　　）。

A．用户最近访问过的网页信息将被暂时保存为临时文件

B．IE临时文件一旦重新启动计算机，就会自动删除

C．删除临时文件可以有效提高IE的网页浏览速度

D．IE临时文件不能删除

习题参考答案

项目一

1. C   2. A   3. B   4. D   5. C   6. A   7. D   8. D   9. D
10. A   11. A   12. D   13. C   14. D   15. A   16. C   17. B   18. C
19. A   20. B   21. B   22. D   23. D   24. C   25. B   26. C   27. D
28. C   29. C   30. C   31. A   32. A

项目二

1. A   2. B   3. C   4. A   5. C   6. A   7. A   8. A   9. A
10. B   11. C   12. A   13. A   14. C   15. C   16. C   17. C   18. C
19. A   20. B   21. C   22. C   23. C   24. C   25. B   26. D   27. D
28. C   29. C   30. A   31. C   32. C   33. D   34. A   35. C   36. B
37. B

项目三

1. A   2. C   3. A   4. A   5. C   6. A   7. A   8. C   9. B
10. B   11. B   12. B   13. A   14. D   15. C   16. A   17. C   18. A
19. C   20. A   21. D   22. C   23. B   24. C   25. A   26. A   27. A
28. C   29. D   30. D   31. C   32. B   33. D   34. C   35. A   36. A
37. C   38. C   39. C   40. C   41. D   42. A   43. D   44. D   45. B
46. C   47. D   48. B   49. D   50. B   51. B

项目四

1. B   2. C   3. C   4. A   5. D   6. A   7. C   8. C   9. B
10. D   11. C   12. A   13. A   14. C   15. C   16. B   17. C   18. D
19. D   20. C   21. A   22. D   23. A   24. D   25. A   26. A   27. B
28. B   29. B   30. D   31. B   32. A   33. D   34. B   35. A   36. A
37. C   38. B   39. C   40. C   41. D   42. C   43. A   44. C   45. D
46. B   47. B

项目五

1. B	2. B	3. A	4. A	5. A	6. B	7. C	8. B	9. D
10. B	11. D	12. B	13. D	14. B	15. D	16. C	17. B	18. D
19. C	20. C	21. D	22. C	23. B	24. C	25. A	26. C	27. D
28. A	29. A	30. D	31. C	32. A	33. A	34. A	35. D	36. B
37. C	38. C	39. C	40. C					

项目六

1. C	2. D	3. D	4. D	5. C	6. B	7. A	8. C	9. B
10. C	11. C	12. A	13. C	14. D	15. D	16. B	17. D	18. B
19. D	20. C	21. B	22. D	23. C	24. B	25. B	26. D	27. D
28. C	29. C	30. D	31. C	32. C	33. D	34. C	35. A	36. A
37. B	38. A							

四日五

1. B 2. B 3. A 4. A 5. A 6. B 7. C 8. H 9. D
10. A 11. D 12. B 13. D 14. B 15. D 16. C 17. B 18. D
19. C 20. C 21. D 22. C 23. B 24. A 25. A 26. C 27. D
28. A 29. A 30. D 31. C 32. A 33. A 34. A 35. D 36. D
37. C 38. C 39. C 40. C

四日六

1. C 2. D 3. D 4. D 5. C 6. B 7. A 8. C 9. H
10. C 11. C 12. A 13. C 14. D 15. D 16. B 17. D 18. B
19. D 20. C 21. B 22. D 23. C 24. B 25. D 26. D 27. D
28. C 29. C 30. D 31. C 32. C 33. D 34. C 35. A 36. A
37. B 38. A